现代纺织艺术设计丛书

Modern Textile Art And Design Series

纺织品设计的面料再造

FABRIC RE-CREATION OF TEXTILE DESIGN

王庆珍 著

U0240741

西南师范大学出版社

编审委员会

序 PROLOGUE

从"老染"说起

我国的纺织艺术设计自它发轫起就被约定俗成地称之为"染织美术（艺术）设计"，简称"染织"，它应该是纺织艺术设计与制作工艺——印、染、织、绣的一种缩写。这一称谓何人、何时开始用之，现已无从考证，"染织"一词多用于院校的学科分类及教学术语之中。因而，我们这些多年从事纺织艺术设计教学的教书匠们或毕业于染织专业的同仁们都自豪地称自己为"老染"。

"老染"们似乎有着一些共同的特点，待人实诚，事事认真谨慎，教学一丝不苟，甚至有点古板，其中在各院校从政为官的也不在鲜见。大概是图案和中国画类基本功较扎实之故，在大纺织不景气的日子里，有不少"老染"改行易辙，转绘画的在绘画界煞是出名，做其他设计工作的也出落得成绩斐然，这就是"老染"们的能耐之一，而一直坚持在纺织艺术教学领域的则都是名副其实的"老染"。

纺织艺术（包括印、染、织、绣）是世界上最早、也是涉及范围最广的艺术形式之一，它不但反映了世界各个民族历史、文化、技术、经济的发展状况，也从一个侧面反映了各民族不同的生活方式和审美情趣。基于纺织生产发展起来的纺织艺术设计和纺织艺术设计教育，在不同的时代和不同的国度中都以各自的方式延续和促进着纺织艺术的发展。

我国是一个有着悠久纺织艺术传统的国家，现代纺织工业也有一百多年的历史，院校纺织教育的历史可上溯到1906年南京两江师范正式开设的图案手工课。早年的私立上海美术专科学校（1912年成立）、北京美术学校（1918年成立）、国立艺术院（1928年成立，1929年改为国立杭州艺术专科学校）、四川省立高等技艺专科学校（1939年成立）都开设有专门的图案课程和纺织印染类课程。陈之佛、庞薰琹、雷圭元、李有行等一批留法、留日归国的老前辈们都为纺织艺术设计教育作出了重要的贡献。新中国成立后的50年代，包括中央美术学院实用美术系、中央工艺美院（现清华大学美术学院）、浙江美院（现中国美院）、鲁迅美院、四川美院、南京艺术学院等都设置了染织设计专业。早期的纺织艺术设计教育都是建立在以西方美术教学为基础，以图案和写生变化为主导，结合生产工艺实践的教学模式之上的。这种教学模式丰富并适应了当时纺织艺术设计和工业生产的需要，也为我国培养了早期的纺织艺术设计人才。

从新中国成立到1966年和"文革"中与世隔绝的十年，客观上使我们的教育模式、教育方法趋于陈旧、落后。20世纪70年代末，由香港传入的"三大构成"理论和教学方式，对包括纺织艺术设计教育在内的设计教育都产生了巨大的影响。抽象的构成语言、色彩语言以及其他的教育理念促使纺织艺术设计教育进入了一个新的历史时期。1981年由浙江美院（现中国美院）、苏州丝绸工学院（现苏州大学艺术学院）、南京艺术学院发起的"图案教学座谈会"，以及后来更名召开的第二、三、四次"高校图案教学会议"，对我国纺织艺术设计教育都起到了积极的推动作用，同时也引发了不同学术观点的争鸣。

在进入21世纪后，我国的纺织行业从产业结构、生产技术、市场空间、人才需求等都较以往发生了质的变化，如：数码技术给我们带来的不仅是技术手段的变化，而更重要的是设计观念、审美观念、流行时尚、信息观念、知识结构的变化。这些变化是挑战，也是发展的新契机。于是乎，创造一个教学、设计和学术交流的良好平台，编写一套适应现代社会发展和教学需要的设计丛书，就成为我们这群"老染"们面对挑战的对策之一。2004年初，当我们将丛书的初步策划和编写计划求教于本丛书的主编、原中央工艺美院院长常沙娜教授时，她对本丛书的编撰给予了支持，同时也对一些丛书策划和编写中的一些观点提出了坦诚的意见，并作了非常具体、详尽的指导。本套丛书的策划和编写我们约请了近十所院校的教授和专家们参与，我们相信每所院校都有自己的传统文脉和教学理念的创新之处，而每位教师又会有自己直接体现于教学和科研过程中的独特思考。我们希望不同教学理念、教学方法、科研成果在这里聚集、在这里碰撞，如果每位读者能在这些思考和碰撞中有所得、有所获，那将成为我们这些"老染"们的最大欣慰。

在这套丛书的策划和编写过程中，我们也遇到了诸多的困惑。不同学术见解的商榷，新老观念的交叉，甚至是一个学术名词的使用，都倾注了主编、作者、编辑们的大量辛勤劳动和责任心的考量。这套丛书策划和编写还得到了中国纺织工业协会副会长、家纺协会会长杨东辉先生，中国流行色协会副会长徐志瑞先生，西南师范大学出版社总编辑李远毅先生、策划编辑王正端先生、丛书编委们的大力支持和多方面的指导，在此一并表示诚挚的谢意！

《现代纺织艺术设计丛书》编委会2006年8月（执笔龚建培）

前言
PREFACE

在一个大谈特谈"奢华"的年代，T台上的荣华富贵、室内纺织品的轻松舒适、纺织品手工制作的独特新奇，都在彰显维多利亚的浪漫情结。从整体氛围到微小的细节，手工制作的再创造以它的亲和力，以它的独特性，以它的感染力，渗透在我们周围，抬眼望去，它的每一个细节都让人为之动容。

纵观纺织品面料再造所走的路，虽然不长，也不是很系统，或者说是一直没有人将其归纳整理。尽管如此，它却发展得异常迅速。它的发展，首先受益于材料方面：它是随着科技的发展速度前行的，高科技的发展带来的大量新材料给纺织品的面料再造带来了一个又一个的冲击，也碰撞出很多新的思维模式，演绎出人们观念的转变。正是这种撞击，让纺织品的面料再造不断以新的亮点征服相应的人群，以至于相当数量的人不去追究它的名称所属，而在设计与制作过程中享受快乐与辉煌。其次是在制作手法方面：随着材料种类的增多，纺织品面料再造的制作手法也在不断地扩展它的空间。我们都知道，每年每季的各种展会是观念的超前体现，这种观念不是语言所能表述的。在这样的氛围中，你会感受到震撼之后激发出的制作手法及其魅力所在，尽管它隐含在材料之间、隐含在形式之间，也隐含在整体氛围中。值得一提的是新材料会让人萌生出新的手法，也容易刺激人们去尝试新的手法，但是面对同一种材料，给人们带来的刺激点是不一样的，反映出的结果也是不一样的，这可以归结为新材料与新手法之间的衔接，但又不是绝对的。其实，正是这多材料、多手法的同时前行，使纺织品面料再造的纵向发展，不能单单用迅速就能诠释完整的，因为这种多材料、多手法的发展，就似一个涵盖面极大的、粗壮的柱状物，而不是传统概念中的纵向发展的线状物。

如果说横向地看纺织品的面料再造，会显得不够全面。因为它是以一个大的"面"的方式在漫延，而且随着时代的发展，它也会逐渐地向外延伸。因此，这里所涉及的内容、材料、观念、形式等等，会越来越多地融入新的因素。纺织品的设计在越来越多的情况下，其作品被赋予了相关的主题内容，使之深刻、更具个性而不是传统纺织品设计的大众化。观念的体现逐渐在家纺与服装设计师作品中明朗化，主题性设计也走向抽象理念的表现，而且这条路变得越来越宽。在这种宽泛的设计中，传统意义上的材料、手法、形式已不再对设计有限制，而且它们之间的界限也越来越模糊。重要的是怎样从这里冲出去，如果能做到最终的纺织品面料再造与设计结合，材料就是内容、手法就是观念、观念就是材料、形式就是手法，这应该是我们最终要追寻的，并不是目前多数情况下的根据内容去找材料、去定手法、去套用形式。

目前我们有一个很大的空间供我们施展，放开一切束缚我们手脚的绳索，将一切不可能变为可能，是我们时下最紧迫的。

CONTENTS

第一章

现代纺织品
设计与面料
的再造

引言

纺织品的面料再造，应该说是近些年的事。实际上，在具体应用方面，服装面料中的运用会多一些。至于说它的历史，是相当长的。从一些服装史的资料中可以了解到，在中世纪甚至更早的服装研究领域就有了面料再造的痕迹，而在中国战国时期出现的丝绸上的刺绣，也是一种面料再造的表现形式。并且在漫长的历史演变中，各种形式的面料再造都以不同的方式出现，只不过没有人去从理论上总结它，所以它一直与被服融合在一起。今天将其单独地提出来，也是现代设计的必然。一些学院相继地开设了这门课程之后，也就有了相关部门设立的相应的设计大赛，而且在纺织品设计大赛中已将面料再造作为一个独立的比赛类别。在此之后，它也就越来越受到重视。

从整体上看，面料再造的表现范围是相当宽的，由于其制作手段的多样化而且多数情况下是手工操作，其呈现出的形态便是漫无边际的。在设计师的思维中，面料再造就像为设计插上了无数的翅膀，让单纯的面料随着设计思维飞到任何地方。

第一节 纺织品设计与面料再造的概述

一、纺织品设计的理念形成

每个人都生活在一定的环境中，这个"环境"不仅指自然界的山水树木，也包括人类创造的建筑、室内陈设，以及生活中的各种物体。人类适应环境求得生存，改造环境求得发展，这一切都出自

人的"需要"。环境与人的关系是相互作用的，人们按照自己的需要改造客观环境，而环境一经成为客观存在又反过来影响人，并且形成由于时代、民族、阶级不同而各具特点的风俗习惯、思想面貌和文化传统。

虽然说有了人类就有了与之相适应的环境艺术，但明确提出"环境艺术"或"环境意识化"这类具体的代名词的，则是20世纪初欧美的一些建筑师和艺术家。他们不满足于将空间只理解为实际存在的三度空间的传统观念，而把空间中的建筑、雕刻、绘画等来作用于人的感情，产生一种气氛，因而丰富和延伸了空间，称为第四度空间，也就是意识化的空间。为此，环境艺术力求通过整体规划，发挥每一种艺术的独特功能，巧妙安排，使它们有对比、有衬托地组织起来，共同创造更加

图1-1

理想的空间环境。

围绕着环境艺术，室内的纺织品织物在人们生活中所占的比例是很大的，是必不可少的。尤其是纺织品织物的设计，对人所产生的作用——对于人的生理、心理及视觉的影响之大，使得对此的研究，越来越受到重视。

从历史上说，中国的纺织品织物可追溯到史前时代。各种出土资料表明，中国先民在六七千年以前，就已经开始关注蚕和对蚕丝的利用。最早发现的较完整的丝织品是距今约4700年的绢片。这足以证明中国在4700年前就已经掌握了比较精良的蚕丝缫纺和织绢技术。而且从出土的7000年前的陶器上的印纹可以看出，当时已经有了织物的平纹、斜单经绞纱、双经绞纱等各种编织方法。经历了夏商周时期在染色上，尤其是春秋战国时期在绢、绨、罗、绮、锦等织物上的刺绣之后，我国的面料艺术有了很大的提升。如图1-1，这是战国楚墓出土的刺绣被面与刺绣禅衣，其制作工艺精巧，纹样结构严谨。西汉时期的多综多蹑提花及蜡染、绞缬、夹缬及凸版印花，以及与隋唐丝绸技艺鼎盛时期的织绣结合，宋元时期的缂丝、闪亮柔挺的缎、豪放华美的织金锦，直到明清时期的"金碧辉煌"，使中国的纺织品达到了炉火纯青的地步，也让中国成为世界上享誉一时的"丝国"。

从技术上说，传统意义上的纺织品设计工作主要是色彩和图案的意匠，即使因考虑操作因素而进行的"工艺设计"，也多受制于生产工艺的局限，被动地去设计符合加工条件的纹样。随着科学技术的发展，各种制约设计的工艺难点渴望得到解决或正在逐步解决。在这个大前提下，现代的纺织品设计工作不再是传统意义的纸笔所能解决的，它涉及材料、织造、染色等诸多技术领域，具有相当科技含量的全方位的设计逐渐成为现代纺织品设计的重要特征。所以说，纺织品的设计是当今艺术多元化创作中的重要组成部分，同时又是人类生活和服饰的物质基础，通常也被视为人类社会文明进步的标志。

从理念上说，19世纪70年代英国的威廉·莫里斯的纺织品设计通常被认定为现代纺织品设计的起点。威廉·莫里斯是一个集诗人、革新者、设计师于一身的人物，学过一些建筑和绘画。他为艺术下的定义为："人类在劳动中快乐的表现"，并且由此要求艺术应该再次成为"创作者和使用者之间的一种愉悦"。他的这种艺术应该"取之于民、用之于民"——以人为本的设计作指导的理论体系，在19世纪中叶颇为怪异。但他却如愿以偿地使许多国家的年轻画家和建筑师转向工艺或设计，也就是说，他引导他们去帮助日常生活中的人。他的成功之处在于其专注于把自己的主张付诸实践。他是一位狂热的手工艺人，在他的设计理念的影响下，日常用品的设计回归到乡村小屋的简朴，又不失生活气息。图1-2是莫里斯1875年设计的印花棉布《郁金香》。他的图案，用设计术语来说，并非出于模仿，而是具有相当于通过观察自然获得的紧凑感和密集感，完美地体现了莫里斯之作

图1-2

的可爱和明快之处。

随后的1920～1930年的包豪斯设计思想成为现代纺织品设计的主要精神推动力。包豪斯编织车间在以Gunta Stolzl为代表的艺术家们的主持下，以现代实用为目的，以手工业的能力和知识为基础，并以专门供现代住宅使用为前提，单纯地进行符合目的的布料质地的研究，开创了真正意义的现代纺织品设计的先河。关于现代纺织品设计，玛丽·斯琼琵有这样的论述："在技术应用和材料组成上的改变，使纺织品的含义范畴更为宽泛，新纤维、纺织品的处理技术和计算机技术不断给设计提供新的切入点，这些实践活动开始于20世纪早期。"

由此，研究纤维材料的特性显得尤为重要。材料与技术的发展变化迫使设计师重新审视自己的设计工作，它们给设计和传达带来的较为明显的变化，这种变化是可以直接感受到的，而设计内涵的转变也是时代的必然。

二、纺织品设计新材料的兴起与高科技的注入

"新材料已成为各个高技术领域发展的突破口，并在很大程度上影响着新兴产业的发展进程。"当前纺织技术发展中遇到的很多难题，实际上有不少是纤维材料问题，没有新纤维材料的开发利用，便谈不上新的技术产品和产业进步。事实上天然纤维经常与合成纤维混纺以提升纺织面料的品质，改善和开发面料在舒适、透气、防水、抗皱、防油、防菌、防风、阻燃、抗静电、抗紫外线和智能化等方面的性能，同时面料的外观和质地也更加适合现代生活的审美需要。

值得注意的是，现代纺织品设计除了满足使用功能外，无一不在面料的质感上给予特别的关注——自然肌理的抽象、透明面料的朦胧、三维立体的浮雕、织造结构的力度等，因纤维家族品种的日渐壮大，各种质感的面料越来越多地出现在当代的纺织品设计中。新技术材料既引导着未来的流行趋势，也给设计师带来了创作灵感。

而且，发挥想象力创作新的视觉和触觉的面料，重新发现纤维的组织结构和性质特点，都是现代面料设计的领域。当前应用于纺织品的纤维品种更为多样，除了为人熟知的天然纤维和化学纤维外，使用传统纱线结合特种材料制造的新面料，诸如羊毛与铜金属纤维、真丝与不锈钢纤维的混纺也渐为人知，并加入到应用研究之列。

史料文献中关于金银箔纸被捻进丝线或其他纤维，而后织成面料或刺绣在面料表面的记载在东西方都不罕见。就中国的丝织物加金，沈从文先生写道："以目下的知识说来，如把它和同时期大量用金银错装饰器物联系看，或在战国前后……日本正仓院收藏唐代绫锦许多种，就只注明有四种唐代特种加金丝织物。"

真空静电金属镀膜技术在合成纤维上进行的研究的应用始于20世纪，使得有金属光泽的ME-TALLIC面料被规模化生产。金属箔膜可以涂在有色或透明的纤维载体上，丰富织物的色彩和提高使用的耐久性。

法国巴黎的PREMIEREVISION'S ALTER NATIVES 2002春夏服装面料趋势预测：闪亮的、有金属光泽的米特立克将影响未来的季节。同在巴黎举办的朱尔·拉勒密尔面料展，重点展示了有光泽的服装和面料。展览会引出的主题是丰富的对比、光泽、色彩和诗意，再现了有意和无意运用闪光面料的实例。展览中包括过去和现代的服装，也有近期著名服装设计和当代技术进步而引出的新面料。随后在2001年10月的PremiereVision展的趋势发展预测表明：优雅实用、和谐统一、手感的丰富性特别重要。亚光的表面和不易察觉的处理形成了面料既讲究又内敛的一种奢华表现。

与此同时，非织造面料正在扩展其品种，纤维原料包括天然纤维、再生纤维和合成纤维。利用其热塑性的特点，一些设计师可以创造出丰富的形态因素，着眼于非织造面料三度空间的创作。例如斯洛文尼亚的设计师欧米拉·赛达和玛丽·杰恩科使用手工操作或机械设备在聚酯纤维表面进行浮雕效果的处理，创作出全新概念的服装面料。

世界上各大型的纺织公司都重视新纤维材料的开发与应用，斥资研究未来纺织品的应用技术，多功能的、仿生的和纳米技术的纤维品种已经进入应用的领域。杜邦公司在1938年研发了聚酰胺纤维，成为聚酰胺纤维产品的领导者。近年该公司又推出具备良好质感的聚酰胺纤维类产品，它可以选择不同的后处理方式进行多种外观效果的创作，以满足市场新的需要。它柔软华贵的品质给运动服装、针织服装的设计带来革命性的变化，用这种纤维制作的雨衣有优良的防水性和透气性。

至此，人类日益关注自己的生活环境，重视绿色产品，正在开发符合环保可再生的纺织品的新兴研究领域，一些公司开始研发有优势的自然的原料与化学工程的技术和创新完整的系列纺织品种。英国考·托拉斯公司意识到生态课题的重要，研制了"粘胶人造丝家族"的莱赛尔纤维，其原料取自植物木浆。莱赛尔纤维的产品完全可以回收或生物降解，纺织专家预言未来莱赛尔纤维与棉纤维将会有激烈的竞争。随后他们推出新的纤维素品种——天丝。以使用天丝产品作为最新时尚来形容，一点不为过。目前世界上越来越多的服装品牌使用天丝产品。Courtaulds公司设立了天丝创意工作室，专门致力于开发更多新的面料处理方法和创新的面料品种。技术上的投资得到巨额回报，

Courtaulds 公司与荷兰爱科泽·诺贝尔联合组建的艾考迪斯集团，2000 年销售总值为 23 亿欧元，成为世界上最大的独立纤维公司。

据媒体报道，位于西班牙北部奥洛特·加龙的一家纺织品公司推出利用塑料织成的毛衣，在市场销售行情看好。据介绍，这种新型毛衣的原料是制造汽水瓶子用的聚丙烯。与普通毛衣相比，塑料毛衣洗后干得快，不用熨烫，毛衣表面也不会起毛球，磨损少，经久耐穿，穿破后还可以重新编织，多次使用。

现代纺织品设计创新的三大领域为：新纤维的开发使用、面料的后处理和计算机技术的应用。人类社会的进步促使当代纺织品中的艺术、设计、工艺和科学因素的关系更为紧密，使用多种材料和技术以满足人们的各种功能需要，是纺织品设计的新领域。纺织品不但要符合实际功能的需要，也要适用于消费者极具个性的应用空间。技术型的纤维、纱线和织物的开发满足了人们在服装、室内的日常生活需要，同时在建筑、医疗、宇航、体育运动和工业用布等特殊的使用上不断扩展。现代纺织品设计的技术因素已显现突出的地位，纺织品的设计除了一般意义上的形象、色彩、工艺外，还需在材料和技术手段上予以重视，高技术的发展和多学科的交叉决定着纺织品设计的未来。

我们生活在一个材料的时代，材料科学是设计的重要元素和灵感来源，一个时期的纺织品设计和流行趋势都与新材料的使用和科技的进步紧密相连。现代纺织产品设计要在全方位上统筹计划，

纺织材料技术上的每一个变化都会带来设计概念的改变，新技术材料的使用是把握未来流行趋势的必然选择。

第二节 纺织品面料再造的逐渐成熟

在材料技术不断进步的今天，我们有机会使当代的新产品和新技术应用于传统的生产工艺，以达到我们设计的种种意想。传统工艺技术不但需要自身的革新与发展，反过来也为现代纺织技术提供丰富的灵感来源和技术基础。纺织品设计在现代与传统结合之中寻找市场的定位，风格独特的创作方式成为有效的途径。更多的纺织品设计师使用多种材料与手法来创作个性化的产品。他们的独特审美思想与新技术的成功结合，传统技术和手工艺潜力的发挥以及工艺的革新，使纺织品带有现代意义上的审美与功能的结合，这类探索直接影响着纺织品设计的趋势。

与此同时，我们应该看到，由于高科技的发展，可供设计师选择的面料的范围越来越大，品种越来越多，实现最终目的的机会也越来越多。但是，在此情况下的一大弊端是，这是一个大家共享的平台，所有设计师都有机会去应用它们。因此，花力气下工夫在面料的再造上，已经是一个不争的事实。设计师想做的，就是要让自己的作品有独特的风格，打造出自己的品牌，面料的再造与研发变得尤其重要。

目前我国的纺织品面料再造，并没有一个完整的体系，无论是在设计领域还是在院校的教学中。尽管纺织品的面料再造在设计领域中的应用已经比较广泛，但多数情况下是依附在服装或纺织品设计中，并没有被提出来加以重视。也就是说，在很多情况下，它是被频繁地使用，却没有一个相应的体系作为参照。

第三节 纺织品面料再造的情结

生活在高速发展的时代，回归大自然，成为人们越来越向往的事情。在大自然中，盛开的花朵，总是灿烂得惹人喜爱。从植物学的角度讲，那只不过是植物繁殖所需要的表达方式而已。从人类学的角度讲，从古至今，人类装饰自身，将自己打扮得多姿多彩，那也只不过是人类在自然、社会空间中表达自身的一种需要。在人类的生存空间里，人类将表达视为精神生活的重要组成部分，而这种表达，主要是艺术地包装自我及环境的方式和方法，它既包含着人类将大自然的美赋予内涵，并以各种方式体现在生活环境中，形成生存空间的生态、艺术的生态，也包含着人类在这一艺术活动中参与的情感成分。

纺织品设计的面料再造是一种较新的艺术表现形式。它是凭借着人类自身的灵性和对生存的渴望以及对美的追求，并在原始面料的万源支持中，创造出光华四射的成果。

我们知道，从面料的本身来讲，它均从实用与艺术的两个方面，以不同的程度、方式和方法表达人类的意志。它们在制造人类舒适环境与保护人类身体的同时，为人类的生存空间提供了可供观赏、抚慰心灵的艺术形象和真实可用的生活必需品。人类用双手创造了历史，也用双手记录了人类为求生存、求发展以及享受人生、享受文明成果的艰辛而美好的历程。正因为如此，在高科技面前，手工成分居多的、不重复的、注入人们心血与情感的艺术更受青睐。如纺织品的面料再造艺术，其审美效果不再是唯一。

能适应未来社会的综合性思维创意，适应纺织品行业的飞速发展——这一切，说起来比较容易，在实际的创作中，是需要我们不断地吸收多方面因素，以整合个人与外在信息及技术的关系，把握时代动向，然后，打造一批完备的未来纺织品设计。

2

纺织品面料
再造的材料

第二章

第一节 材料之于纺织品面料再造的设计

谈到现代设计，无论是哪种设计，都会涉及材料，没有材料的设计已经被看做是空中花园式的冥想。大约在二十多年前，也就是在上个世纪 80 年代左右，我国并不是很重视这个问题的时候，一些人在材料上遇到了尴尬，于是写文章论述有关材料的重要性，这也在当时的设计界引起了不小的反响。碍于当时我国的经济实力与材料发展的迟缓，也只是在纸上谈了一些材料的问题，但起码是有人在关注这个问题了。而在国外，这样的问题在近百年间就未被当做问题存在过。受着包豪斯影响与教育的国外设计家们视动手操作为艺术享受（这一点不仅局限在艺术设计领域，许多欧洲人，尤其是白领阶层，把休息日用在制作及改造家庭用品上，而且这似乎是男性生活方式与品位的体现），我们都知道基维堪达雷里对毛纱的感情，几十年埋首其中，他会用几年或十几年的时间，用单纯的毛线去表现一种情感。终其一生于毛线上，他的成功

图 2—1

是必然的，就算他不成功，他的精神也是让人敬佩的。试想一下我们看过的他的很多作品，表现的题材是多种多样的，有具象到接近油画的，也有抽象到接近几何形的，有大到几年时间才能完成的，也有小到几天就可以完成的。他作品的感人之处就在于他对毛线的熟悉与近乎完美的运用，只要你真心的面对它，就会感受到一种说不出的情结在里边。如果这些作品是用画笔画出来的，不管是何种绘画媒介，都不会有这种特殊的感觉。用材料去说话，是现代设计的关键，不论在哪个领

域中。

目前，对于纺织品设计专业在材料上的应用，我们了解得比较多的是香港理工大学的染织设计专业。由于各方面条件决定了它在科技条件等方面的高度，与国内的几所大的艺术院校相比较，它更像一个印染方面的科研机构。当然，它建立在理工院校是它的一个优势，其实，关键一点是一个学校乃至一个政府的办学方向，即办学方针在一个学校中往什么地方倾斜的问题。这种投资具有一定的前瞻性，这种方向与一个国家或地区的体制有关，与一个国家或地区的意识是否国际化有关。我们国家也有在理工学院中设立艺术系的，却与香港理工大学的办学模式完全不同。

就读于香港理工大学的博士生姜寿强先生，他的研究方向是纺织面料技术处理与设计研究。如图 2—1 为尼龙金属织物，图 2—2 为醋酸人造丝织物，是他 2002 年的研究作品。我们可以感受到其

图 2—2

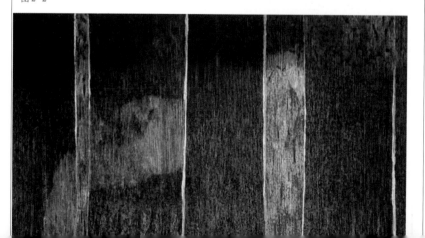

作品处处充斥着材料与科技含量，让内地同行们羡慕其科技条件的同时，也不得不思索观念上是否存在距离。于此，当然香港理工大学的染织在国际的地位与知名度的奠定，不是一朝一夕的。从香港这种国际化的模式中，我们可以窥见国际上相同专业的状况。染织设计如果局限在图案的设计上，是远远不够的，单纯的图案设计近乎无法生存了。染织设计与面料、染色、织纹的关系，被重视的程度就像环境设计中的专业设计与结构、施工、材料的关系；陶艺设计中的专业设计与器物造型、材料、技艺的关系；服装设计中的设计与裁剪、材料、服装结构的关系一样重要，一样必不可少。

第二节 材料的种类

由于纺织品面料再造设计是一种材料的艺术，所以材料对于我们来说有着极其重要的意义。目前纺织品设计的面料再造设计所涉及的材料范围，大体上分为面材与线材两种。

图 2—3

一、面材

常规情况下的面料都可以划入纺织品设计的面料再造设计中的面材范围，按照纤维的质地可分为以下几种：

（一）羊毛面料

羊毛织物的品种很多，在毛纤维中使用得最多的主要是绵羊毛。羊毛面料的品种规格复杂，加工手段也多种多样，所以成品面料的风格也不尽相同。由于羊毛的外观和性质等因素，成品的羊毛面料有柔和的光泽、丰满而富有弹性，以及拥有良好的悬垂性。此外，羊毛织物还有另一种独特的性能，即毡缩性。这一特性可使织物的表面形成一种遮盖织物的致密绒面。

因此，在纺织品设计的面料再造的设计中，羊毛织物适用的情况多是冬季使用。如用羊毛织物以叠加的手法制作的晚装或室内纺织品，在保暖的同时，尽显高贵与富丽，织物以下垂感及厚重感给人以视觉上的温暖，如果没有这种面料的叠加，效果则完全不同，毛织物用于床上用品时，这种感觉尤其明显。如图2—3将毛织物面料做剪块、抽丝处理后再叠加在一起，毛绒的起伏与交叉重叠，隐约露出的织物纹理，都增加了视觉上的温暖感。

（二）真丝面料

真丝织物泛指用蚕丝制成的各种织物，它的品种繁多，主要用作服装、床上用品类。其中不乏薄如蝉翼、华如锦羽的品种。我国1960年统一规范的丝绸称谓为纱、罗、绫、绢、纺、绡、绉、绮、锦、缎、葛、呢、绒、绸等14大类。使用较多的丝纤维是桑蚕丝。桑蚕丝大都是白色，光泽良好，手感柔

9

图 2—4

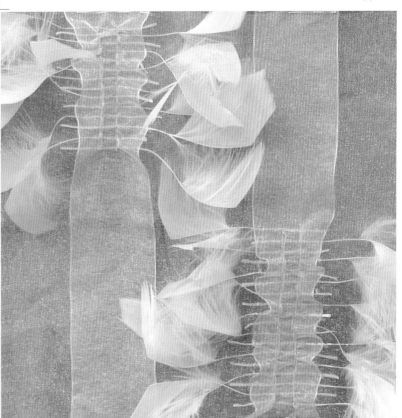

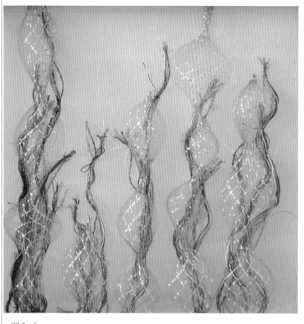

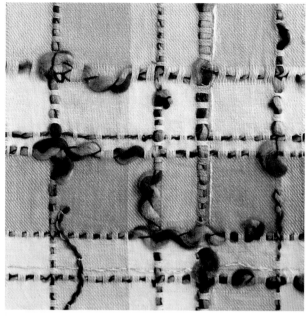

图 2-5 　　　　　　　　　　　　　　　　　　图 2-6

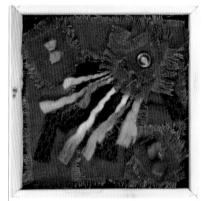

图 2-7 　　　　　　　　　　图 2-8 　　　　　　　　　　图 2-9

软。其次是柞蚕丝，柞蚕丝一般呈淡褐色，弹性好，光感强。具有良好品质的蚕丝是高档的纤维面料材料，也是富丽高贵的象征。

　　由于丝纤维本身具有珍珠般的光泽，既明亮均匀又层次丰富，具有回弹性好，手感柔软而滑爽的特点，在纺织品设计的面料再造中，可充分利用它的这些本质特点，在结构处理上尽可能让织物有凸起、交错的组织形式，以展现其原材料在折射中体现出的光泽、弹性及丰满感。而且，丝织物的可塑性是很大的，所以根据具体的制作方法，会呈现不同的效果，或飘逸风动，或深沉高雅。当

然，起决定性作用的因素是制作手段（图 2-5）。如图 2-4，丝的回弹性与滑爽感在这里体现得十分完美，即使不用触摸，仅从视觉上也能让人感到轻柔飘逸，加之设计者又将羽毛加入其中，这种感觉就更加突出。

（三）棉织物

　　棉纤维面料一直是纺织品中的一个主要的门类。

　　棉织物以棉纱线为原料，经机织而成。其织物品种因纱线的粗细、织造方法不同而繁多。常见的有平织布、府绸、斜织布、横贡缎、牛仔布、平纹针织等。不同品种的棉织物均体现了棉纤维的许

多优良特性。织成的面料具有吸汗、透气、易于整形处理、手感清爽的特点。棉织物一直是纺织品面料的主打材料之一。

　　由于棉织物易于整形处理，在纺织品设计的面料再造中的应用也是非常多的。比如做一些褶皱时，棉织物的挺实感就会区别于丝的圆与润、毛的饱与暖。通过随时的拉、拽，可以随时变换形象。如图 2-6 以棉线的蓬松起绒为突破点，抽纱后特点更为明显。对于重点部位，毛纱浮在上面呈绒球状，更衬托出棉质材料的质地个性。另外在颜色上，选择含灰色块的布料作为底料，以棉质材料

吸色后体现出的沉稳来托出毛纱的色彩纯度，这也是棉质材料的特点之一。图2—7为典型的牛仔布所做的纺织品设计的面料再造，这种再造形式，相对适应的面比较广。在时装设计中，如果运用形式与款式结合得好，会颇具时尚、青春感。如果应用在室内纺织品中，会营造出温暖、前卫的氛围。从材料的质地上讲，这二者都属于棉质，但是因为制作手法的不同，视觉效果相去甚远（图2—8、图2—9）。

（四）麻面料

植物纤维材料的使用日益增多，尤以麻类纤维面料更受青睐。纺织上用的麻纤维面料包括苎麻、亚麻、黄麻、洋麻、罗布麻、槿麻、大麻、苘麻等，均属韧皮纤维面料。其中亚麻、纯苎麻织物具有强度高、透气散热快、不易霉烂、挺爽凉快的特点，是做夏令服装、床品的好材料。这类纤维质地柔软，适宜纺织加工，商业上称为"软质纤维"。

在纺织品设计的面料再造的使用中，多以体现麻纤维特点的方式来运用，用抽纱的方式、麻网的方式，在关键部位加入麻纤维后让材料间产生明显的织物肌理

对比等等。如图2—10将多种麻面料组合在一起，以不规则的条状构成画面的形式感，又以部分抽纱后麻纤维呈曲线而又坚挺的质感将麻纤维的特点表现出来。与其中的浅色精纺麻形成肌理上的对比。又如图2—11，以精纺的麻面料为再造的素材，在制作手法上，以面料的抽褶并加入纳绣的

针法，使画面形成无数的对比因素，其中有底面面料与附着其上的面料抽褶后形成的短直线的对比、色彩的明度对比等等。与棉质材料相比，它多了一分清爽；与丝面料相比，它多了一分硬挺，也就是说，相同的结构方式，用其他材料来体现，就会完全是另一种感觉（图2—12、图2—13）。

图2—11

图2—10

图2—12

图2—13

（五）化学纤维面料

化学纤维也称人造纤维，化学纤维面料是指将天然高分子物质经过化学处理或有机合成而制得的纤维面料。化学纤维面料的品种比天然纤维面料丰富得多，纺织业根据其来源不同，可以粗分为再生纤维面料和合成纤维面料两大类。再生纤维面料是将不

图2-14

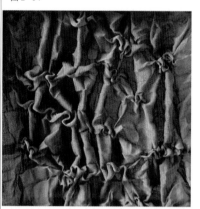

图2-15

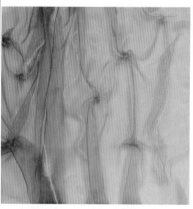

图2-16

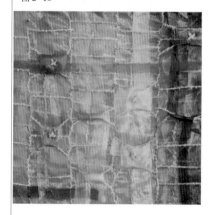

能进行纺织加工的天然纤维素原料或蛋白质纤维经适当的化学处理，使之成为能进行纺织加工的纤维，在我国通常称为人造纤维。用于染织与服装材料的再生纤维面料通常包括粘胶纤维面料、醋酸纤维面料和铜氨纤维面料。合成纤维面料是以人工合成的高分子化合物为原料，经纺丝和后加工而制成的纤维面料。

化学纤维面料的品种很多，其中适于纺织品面料再造的主要有：

1．粘胶纤维面料

粘胶纤维面料是再生纤维中最主要的品种，现在世界上生产的再生纤维素纤维大部分是粘胶纤维。粘胶纤维是一种以短棉绒、木材、芦苇等天然纤维素为原料，化学合成的和天然纤维相同的再生纤维素纤维。主要有人造棉，如棉绸、各种细布等。人造毛，如人造毛哔叽、人造毛华达呢。人造丝，有光纺、无光纺、粘丝薄绸、美丽绸、人造丝乔其纱等。总的说来，粘胶纤维具有良好的吸湿性，光泽感强，染色性比棉、麻等天然纤维素还好，但容易引起染色的不均，而且其耐热性和耐光性都比棉纤维差。

由于粘胶织物有褶皱后不易于恢复的性质，在做纺织品设计的面料再造时，应做到在胸有成竹时再动手，如果有反复，将会影响到视觉效果。如图2-14就是利用其褶皱后不易恢复的特点，先做了部分褶皱后又在背面作一定形状的抽紧，在表面形成有一定规则的肌理起伏。有松有紧的起伏与面料之间由事先做好的褶皱的对比得到缓解，无论是从视觉

上还是从手感上都给人以新奇的效果。

2．醋酸酯纤维面料

这是由纤维素与醋酐发生反应，再经过纺丝而形成的。它具有手感滑爽、光泽好、染色效果鲜艳的特点，并且有良好的悬垂性效果，接近真丝。所以，它可以织造出许多表面效果奢华的面料，像天鹅绒、织锦、塔夫绸和绉绸等。

这种织物在进行纺织品设计的面料再造时，范围比较宽，可以使用多种技法。比如利用其弹性做一些拉伸，利用它的光泽做一些重叠起伏，寻找清雅华丽的感觉，均可以达到很好的效果。如图2-15很适当地将醋酸酯纤维的特点体现出来。画面中重叠与拉伸形成了色彩、质感与形象的变化，面料在转折中形成的光泽，及渐变的颜色增加了其本身的华丽与高雅，再有少许纱线的加入，更加衬托出面料的光泽感，使面料本身的特点更加突出。在2-16中，是与前一幅作品有同样的质地与色调的面料，只是在制作上强调的是面料间的重叠，再加入一些纱线，与面料的光泽形成一种对比，就在整体感觉上有了很大的不同。

3．聚氨酯弹性体纤维面料

聚氨酯弹性体纤维面料是杜邦公司1959年发明的第一种人造弹性纤维，被命名为莱卡。它是当今时装界颇受欢迎的、富有弹性、变化丰富的面料。但是这种纤维一般情况下不单独使用，而是与其他纤维结合运用。它们通常以质量轻、质地柔软、手感良好见长。由于它的可塑性非常强，所以目前成为设计师们喜爱的面料。

莱卡合成织物在面料再造的

制作多以层叠、拉伸、覆盖等方式尽显其材料的特性。如图2—17就充分利用了莱卡面料的弹性与折曲后边缘所形成的卷曲圆润感。通过一系列的拉伸，因强度不同形成不同的厚度，每一条都给人不同的感觉。再利用长纤维缠绕后形成的纺锤形的点，与莱卡面料的质感形成对比。

4. 莱塞尔纤维面料

这是一种新型的、由100%木浆提炼生产的纤维素纤维，是纤维素中强度最高的一种。由这种纤维组织织造的面料，手感柔软、光泽度及悬垂性也都较好。它强度高，有良好的吸湿性、水洗性和对染料的亲和性，并且水洗后保型性极佳。目前已开发的品种有棱织物，如粗斜纹布、府绸、绉纱及色织布等；针织类织物，如单面针织物、续编织物、集圈织物、拉绒针织布、双面针织物等。

莱塞尔纤维织物本身的优势，决定了它在市场的分量。由于以上所讲的它的各项优点，我们在

做纺织品设计的面料再造设计时，可以发挥的余地也就更大了。图2—18是用纤维素织造的绉纱面料，通过视觉感受，我们也能知道它在手感柔软度、光泽度、下垂感等方面的优势。这种织物比较适合以起皱、抽纱的方式处理，局部悬垂后的形象更强调了其本身的特性。

5. 聚丙烯纤维面料

聚丙烯纤维面料属聚丙烯腈纤维，是20世纪50年代被开发应用的。属短纤维，类似羊毛，俗称人造毛或合成羊毛，具质轻保暖、耐日晒、绝热性能好、不易老化、

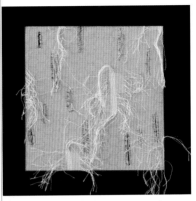

图2—18

不受微生物侵蚀、手感柔软等特点。图2—19为常见的人造毛织物组成，画面中的材料因素比较多，但细看下来，起到稳定画面作用的是人造毛织物，尽管里面加入了一些丝带、蕾丝、纱线，但它们所起的作用就是更加托出了人造毛织物的厚重、温和感及视觉亲和力。也正是这些薄、透的织物将人造毛的毛绒特点对比出来。

6. 锦纶

锦纶化学名称叫聚酰胺纤维，包括聚酰胺66（1939年开始工业生产）和聚酰胺6（1943开始生产），后来聚酰胺11、聚酰胺1010

图2—17

13

图2—19

图2—20

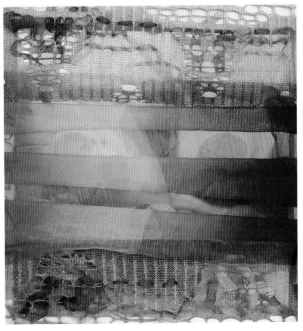

等也获得了工业生产。其产品称作尼龙66和尼龙6。锦纶在中国是指聚酰胺6产品，在英美称尼龙6，德国称贝纶，俄罗斯称卡普纶，日本称阿米纶。其化学结构和性能与蚕丝相似，纤维强度高，比棉纤维高1～2倍，比羊毛高4～5倍。它的回弹性也很好，拉力大。但是锦纶纤维不耐日晒，长期光照颜

示到最佳状态。而图2-21与前一幅作品采用的面料是相同的，但在色彩上、组织运用上有一些不同。在体现材料质感时不像上一幅一样用卷曲重叠的方式，而是用堆、挤的方式，让面料形成疏密的对比关系，上面覆盖着的条状锦纶面料，做了一部分纬线的抽纱，形成色彩上的变化及光泽上

表现上比较突出。如图2-22，是一个比较典型的涤纶纺织品设计的面料再造作品。利用该面料的强度特性，让每一个形体都表现出面料在弹性方面的优越性，使每个形体的凸起部位有不同程度的光线转折与透明感，再通过色彩的渐变与变化，在强调了质感的同时也突出了材料特性。

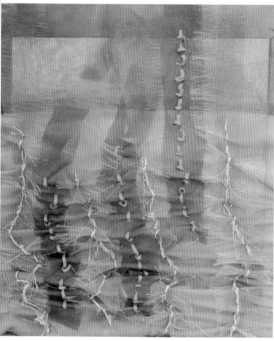 

图2-21

图2-22

色会发黄，强度会下降20%左右。

锦纶面料多以薄如蝉翼的形式出现，因此在纺织品设计的面料再造中，可以充分利用这一点，做一些不同层次的重叠、拉伸、卷曲，也可以用不同颜色的锦纶面料重叠出微妙的色彩效果，这是用颜料无法表达出来的。图2-20是在色彩本身有晕染的锦纶面料做的重叠、卷曲。由于其回弹性好而形成的高低起伏的变化与平铺的锦纶面料在质感上、视觉上都构成了很大的差异。又由于材质折卷时发出光泽，其华丽、富贵感显露殆尽，将锦纶面料的特点展

的闪烁，这种堆与挤、透与叠所出现的色彩重叠，是其他面料难以达到的效果。

7. 涤纶

属聚酯纤维，具有多种优质性能，强度高、回弹性好，织物具有抗皱性，耐热性高，耐旋光性能极好，仅次于腈纶而优于其他的合成纤维。但涤纶的吸湿能力小，结晶度高，染色困难，必须在高温高压下染色。

涤纶面料的材质决定了它在纺织品设计的面料再造中使用的范围相对比较宽。用纺真丝绸做的褶皱的堆积，在其材料肌理的

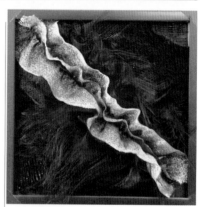

图2-23

（六）皮革面料

在服装面料中，皮革面料的使用由来已久。从史前人类用动物毛皮御寒，到今天的舞台时装，皮革面料的应用一直因天然质地的保暖、透气、挡风及华贵、时尚

图2-24

而经久不衰。今天，人们对皮革面料的认识，又走向了一个新的时段，即通过对天然皮革的加工，使其更加适合现代人的生存需要与审美需要。而且，用现代科技手段制作的合成皮革、再生皮革，在完全吸收天然皮革优点的基础上，更具利用价值，且不受尺寸的限制，在薄与厚、软与硬、轻与重上都做到完全地控制。

皮革面料从材料制作工艺上主要细分为以下几大类：

1. 头层革

头层革是粒面花纹保持完整，天然毛孔及纹理清晰可见的皮革。由于熟制工艺的不同，又会有软面革、正面革之分。软面革：这种革是利用皮革的表面（粒面）制作而成的一种面料。表面涂层薄且要求高，皮革本身要求较柔软并且具有较好的弹性，外表应有清晰的动物皮本来的花纹或毛孔。软面革属高档皮革面料，在实际应用中均能达到舒适与美观的效果。由于软面革对原料皮质量要求较高，且加工技术难度大，所以其成本也较高。正面革：也是利用皮革表面（粒面）制作而成的一种皮革面料。正面革除质地较硬外，其他特征和软面革差不多，但没有软面革手感舒适。正面革属

中档皮革面料。（图2-24）

2. 二层革

二层革即贴膜革，是皮革在生产过程中剖下的第二层，没有粒面花纹，而是通过不同装饰方法造出一个假粒面以模仿全粒面革的皮革。（图2-25）

3. 贴膜革

贴膜革是将预制成的涂饰膜

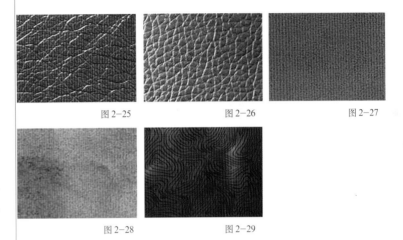

图2-25　　　　图2-26　　　　图2-27

图2-28　　　　图2-29

粘于革面的皮革。（图2-26）

4. 绒面革

绒面革是在粒面磨出天鹅绒般细绒的皮革，绒毛细致并隐约可见毛孔。普通的绒面革有正绒、反绒和二层绒面之别。绒面革质地柔软，手感舒适，透气性能良好，但不易保养。（图2-27）

5. 二层绒面革

二层绒面革是在二层皮革面上磨绒的皮革。

皮革面料从设计工艺上又可分为：

1. 印花革

在真皮的正面亮光上或反绒面印花。皮革转移印花纸是一种新型的、用于皮革印染的技术。由意大利生产的这种皮革转移印花纸，采用特殊的纸张及染料，在纸上先印出各种色彩的图案，使用

时，只需将带图案的一面正对皮革，加一定的温度和压力，便可将图案留在皮革上，使原来单色皮革变成有各种图案的印花皮革。同一图案纸，用在底色不同的皮革上，印出的效果也不相同。这种转移印花技术尤其适合在二层绒面革及猪皮革上使用。印有各色图案的皮革，既可形成仿虎皮、豹纹、蛇皮等逼真的效果，亦可根据流行趋势印出符合时代流行的花色及图案，在实际运用中，会达到新颖别致的效果，可大大提高皮革制品的附加值。如图2-28使用时，亦可将皮料先裁好，再转印，这样既能保持完整的图案，又节省纸张。目前国内已有厂家率先使用。这种新技术的出现，无疑会给皮革业带来新的生机。

2. 发泡革

发泡革是利用现代工艺在皮革上进行发泡处理，形成均匀纹理。发泡的增加，让这种皮革的肌理特点在手感上更强了。尤其是做服装时，这种发泡肌理不仅手感舒适，同时也营造了良好的视觉效果。除此之外，还有水揉革、擦焦革、揉纹革、喷涂革系列，PU革系列等等。（图2-29）

3．植绒彩色皮革

彩色绒面革是在原成品革的基础上"植"（通过静电处理后）一层尼绒（即一种纤维切成的碎末）而制成的。通过相互化学反应，使尼绒与皮革之间形成一种牢固的网状结构，从而将尼绒"永久"地"植"于皮革表面上。制成的绒面革绒毛密度为每平方毫米含20根以上的绒毛。特点是：①集化纤面料丰富多彩的色泽与皮革的生物性能于一体。与五光十色的化纤面料相比，它很容易达到化纤面料染出的各种颜色的效果，其色调又远比化纤面料的色彩更柔和、更富于立体感和层次感。而任何化纤面料所无法具有的，只有皮革所特有的各种生物性能它均具有；②由于通过了特殊的静电处理，避免了因静电荷积累而造成的缺陷，这就拓宽了皮革的应用范围。它既具有豪华典雅的色调和真皮的实质，又解决了困惑人们已久的静电荷积累易酿成事故的问题；③植绒绒面耐磨而且牢度强；④它除了具备皮革特有的透气、柔软、丰满等特性外，还具有其独特的耐洗涤、易保洁、隔潮、隔噪音、阻燃等性能。

二、线材

（一）传统线材

传统的线材，因具体捻合方式不同，形成了种种不同的花式线，经过组合也会有不同的效果。工艺上的技术，在这里不一一介绍，现就本书所涉及的结构和在此基础上的新材料应用，阐述如下：

1．结子线

结子线也称疙瘩线。特征是饰纱围绕芯纱在短距离内形成一

图 2-30

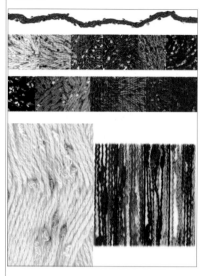

图 2-31

图 2-32

2055 White	2001 Cream	2058 Navy Blue	2060 Black	43045 Orange	2036 Terra Cotta	2057 Wine
2029 Moss Green	43093 Mid Green	43057 Green Mix	42193 Beige Mix	42262 Avocado Mix	42198 Orange Mix	

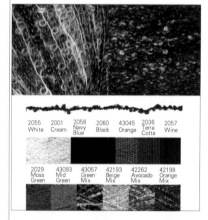

个结子，结子有长短之分，间距和色彩均可变化。纱线上坚实突起的结子最能表现其独特的肌理效果，尤其是在较大面积的地方，运用此类纱线，与面料结合或用编结的手法制作，效果尤佳。由于结子是与纱线一体的，既不失其整体效果，又能丰富视觉触感，具有平静中的灵动跳跃之感。如图 2-30 是几个结子纱的形式，其中有同种材料的结子纱，也有不同材质和捻在一起的结子纱。而图 2-31 则是结子纱的夸张变异，其中的结子不仅颗粒大，而且形状也在变化，形成很强的视觉效果。

2．环圈线

环圈线又称圈圈线。饰纱呈环状围绕在芯纱上形成纱圈，纱圈及加捻的大小可变化出波形线、小圈线、大圈线和辫子线。环圈线手感柔软、丰满，其织物表面有一层"毛圈珍珠"效应。圈圈线用密实的方法编织时让人看不出线圈穿套、编织结构，有的只是丰满的毛圈。如图 2-32 中，相同的平纹编织，但线的粗细、圈圈大小的不同使织物产生不同的立体感。尤其是圈圈的重叠排列，密密实实，

图 2-33

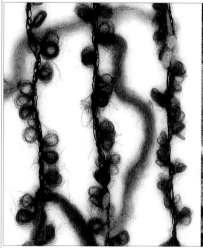

总体效果为浓重、厚实、温暖。图2—33是圈圈纱的变化形式，就是在一段圈圈纱上，浮出一段绒毛纱，两者在色彩上，在质地上都不能融为一体。

　　3．大肚线

　　大肚线也称断丝纱线。制作工艺是在两根交捻的纱线中夹入一段断续的纱线或粗纱而形成粗

等有差异的纱线上，捻合后形成螺旋效果。螺旋线弹性好，编织部位多呈膨松状，可表现不同的形体及肌理效果。又因螺旋线多由两三种颜色的形式表现，编织后有丰富的色彩效果和"点彩派"的艺术感觉。（图2—36）

　　6．结扎线

　　将绞纱结扎后染色，因而未

8．间隔染色线

　　采用特殊装置，在纱线染色过程中对其分段染色，因而这类花色纱的外观呈现染色与不染色分段交替，或不同色彩分段排列延续，似彩虹变幻。色条的宽窄、间隔均可变化。间隔染色线织物具有明显的色韵效果，若纱线的色彩交替有序，则不同的结构会

图2—35

图2—36

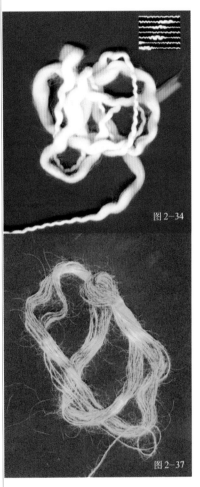

图2—34

图2—37

节段，表面呈茸状。大肚线立体感强，若粗节段长而毛直，编织后会出现大的起伏，此厚彼薄、片片交错、层层叠叠，给人以自然亲切之感。（图2—34）

　　4．竹节纱

　　竹节纱具有粗细不均匀的外观，即一段粗一段细，变化可规则也可不规则。此起彼伏是竹节纱编织的一般表现方式，其粗细及竹节大小的变化使表面呈厚与薄的交替变化，常赋予织物以多层次、多视觉肌理的艺术效果。若运用巧妙，可使织物的肌理表现别具风味。（图2—35）

　　5．螺旋线

　　饰纱以螺旋状围绕在其纱支高、捻度较大或原料、色彩、光泽

扎处被染上颜色，扎结部位未被染色而留斑白。结扎线的色彩变化是从本白渐渐过渡到某一颜色，自然而别致。结扎的宽窄、松紧、间隔不一，其色彩效果也不相同，这使得编织物充满时尚与变幻。（图2—37）

　　7．混色线

　　具有两色或多色混合效应的纱线，如不同颜色的纤维、纱条混合，不同颜色的单纱合股，纱条印花后混并，不同染色性能的纤维混合后经染色产生异色等等。如纱线混色均匀，则编织物色彩变化平稳；若纱线混色不匀，深浅分明，则其编织物颜色变化显著，甚至跳跃，如"夹花"和"雨丝"效应就是如此结果。（图2—38）

图2—38

17

图2—39

图2—40

图2—41

产生不同的色彩图案。在纺织品设计的面料再造设计中，可以充分利用色彩的分段，以排列出各式各样的结构形式。（图2—39）

9．彩点线

纱线表面有不均匀分布的短而小的单色或多色彩点纤维粒，醒目而富有点缀性，编织后色彩斑斓。因为它的每个细节都各不相同，无论平织、镂空都让彩点无处可藏，迸发而出、星星点点、闪闪烁烁。（图2—40）

10．雪尼尔线

雪尼尔线是采用特殊设备和方法生产的花式纱线。其特征是纤维被握持在合股的芯纱上，纱线表面布满耸立的纤维茸毛，外观如扁平或圆形的瓶刷，柔软丰满的毛茸十分可爱，使编织物极具丝绒感。其特点为悬垂、滑顺、光泽优雅，无需复杂编结，便有特殊效果，也无需采用起绒加工或

起绒组织就可获得细密、丰满、整齐的毛茸效果，且色彩可单一也可多样变化。（图2—41）

11．金银花式线

将金、银或其他颜色的铝薄片夹入两层透明涤纶薄膜之间，加工后便成为金银丝线。它可单独使用，或与其他线类合股编织。

图2—42

图2—43

图2—44

金银丝线与粘胶人造丝、异形涤纶丝、锦纶丝及绢丝合捻加工或经过其他花式线加工则成为金银花式线，闪烁的光泽华丽动人。较细的金银丝花式捻线，如图2—42。

12．牙刷花式纱

这是用特殊的方法生产的花式纱线。将整齐、有弹性的一组组纱线捻持在合股的芯纱上，形成一个个的小牙刷状，其外观齐整、光滑，有颗粒感，编结后有浓艳、丰满、华丽的效果。因其本身的丰富性，一般情况下作松散式编结都会有很好的视觉效果。（图2—43）

13．松毛花式线

这是别具特色的一款纱线。不同长短、粗细、色彩的纤维被缚绕在芯纱上，而且有很多附纱比芯线要粗得多。无论是以球状还是以编结的方式呈现，都有蓬松、纷纷扬扬的感觉，像长毛的小动物一样，有视觉上的乱而又可爱的感觉，很适合表达现代人追求时尚的理念。（图2—44）

14．羽毛花式纱

羽毛纱是将粘胶、锦纶、腈纶和涤纶等纤维纱线采用针织和割绒的方法后形成的一种光泽柔和的新型织物。其服用性能好，保暖性强。饰纱选用单纤形式，表面光滑，手感及光泽感很好。织成羽毛纱后，其光泽感更强，而且随着纱线的弯曲、回卷，饰纱因光感强而呈现出华丽的效果。羽毛纱较适合编结松散的、露出长纱的织物，这样可以尽量显示出饰纱的特点，过于细密的编结会掩盖其光泽与华丽感。（图2—45）

15．波型花式纱

波型花式纱是在一根股线的

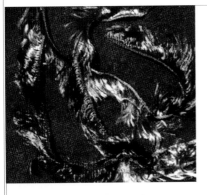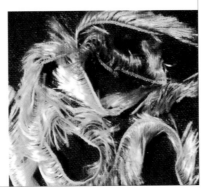

图 2—45

16. 蚕蛹纱

纱线以结网的方式，每隔一段结出一个蚕蛹形的网，里面填充蓬体原纱。因外形相像，故称蚕蛹纱（图 2—47）。在蛹形部分中，外面的网状纱与里面的蓬体纱在质感上形成加捻与蓬松的对比，在颜色上形成明暗与色相的对比，在形状上形成线与面的对比。在具体的编结过程中，由于蛹形物所处的位置及方向等的不同，会有不同的效果产生。

17. 驼毛花式纱

将纱条撕成"束"状，折后将折边一侧用另一种纤维缝合成纱线，形成如图 2—48 的效果，在视觉上有粗壮、厚重、丰满的感觉。只看纱线就会有依偎在驼峰中间躲避风寒的温暖感。很适合编结有气势、有力度的作品。

18. 轨道纱

轨道纱，是在典型纱线中间由纱线织成小的点或块，构成等距离的排列。在具体的编织中，由

两侧凸出如耳状的纤维茸，形成波形状。我们利用一根高收缩腈纶和一根普通腈纶条做成粗纱，再用该粗纱纺成细纱，然后用这种细纱在普通的捻线机上加捻成双股后，其捻度一般比正常情况偏低。这种股线经染色定型后，由于高收缩纤维的热收缩，使另半根纤维产生弯曲，且弯向纱线两边而形成波形线。这种纱一般纺得较粗，手感柔软而蓬松。（图 2—46）

图 2—46

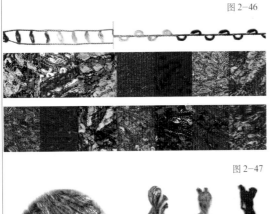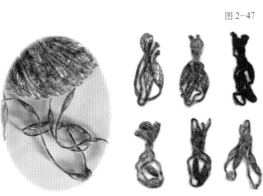

图 2—48

图 2—47

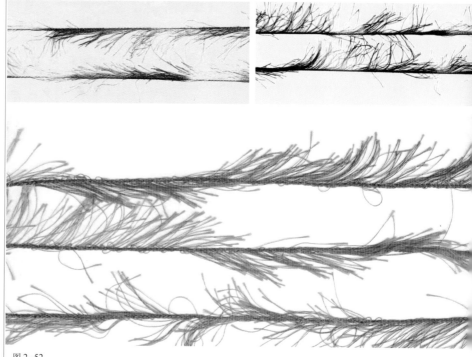

于其翻转、倾斜及相拼会形成不同程度的变化，加之轨道纱在制作时的色彩晕染与渐变，编结后会与纱线有很大的不同。由于新产品的不断研发，轨道纱的种类逐渐增多，很多形式的轨道纱变异产品，在保留轨道纱基本规律的基础上，演化出不同的种类。如图2—49是三种轨道纱的工艺技术表现出来的效果。

19. 灯笼花式纱

每隔一定的距离，芯纱就会捻入一段未加捻的饰纱。由于饰纱与芯纱在两端相捻，所以有扎紧缭绕的效果，而饰纱中间部分因为与芯纱呈平行状，故有蓬松的形态出现，使有灯笼一样的外轮廓。灯笼纱编结后，芯纱与饰纱之间粗细对比较强，又由于相隔距离不是很长，所以有颗粒的感觉。（图2—50）

图2—49

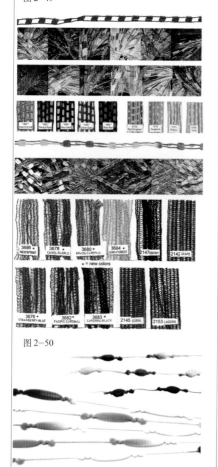

图2—50

20. 松树花式纱

芯纱与饰纱多为粘胶纤维，有弹性且下垂感很好。围绕着芯纱，饰纱呈松散、流畅状，而且有相当的长度，有飘飘散散的效果。多数情况下，饰纱由不同的色彩组成斑斓的视觉形象，随着编结技法的不同，饰纱浮在表面的数量与长短也会不同，而且由于饰纱的质地决定了它会随风飘动，是花式纱线

图2—51

中动感较强的一种，也是可塑性和装饰性极强的一种。如图2—51为混色式松树纱，而图2—52则是由同种或过渡颜色的纱线所构成的松树花式纱。

图2—52

21. 乒乓纱与羽毛乒乓纱

乒乓纱是颇具活泼感的纱线之一，饰纱呈球状均匀分布，给人以一个个乒乓球挂在线上的感觉，编结后会有更密集的球体排列，形

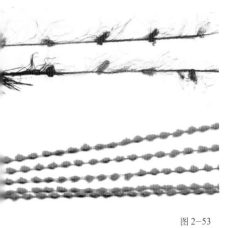

图 2-55

图 2-53

图 2-54

图 2-56

另外一种是涤纶低弹丝同时喂入，如图 2-59，在纱线上有间歇性的起圈，像一片片盛开的花瓣点缀在纱线上。在编织的过程中，纱线先绕过好针，紧接着绕过坏针（只是钩针断掉），这样线圈长度就会被拉长，脱完圈后就形成如此花瓣形。而没形成花瓣形的地方，是因为机器速度高，线在未通过断针（即断针未起到挡线的作用）的情况下而直接绕到好针上进行正常编织。因为在纺纱时，有弹性的纱线被拉伸，而在自然放松状态时，弹性纱线回缩，把没有弹性的纱线拉弯，就形成了花型。

在纺织品面料再造的应用中，还有另外一些线材与普遍意义上的线材有一些区别。这类线材指

图 2-57

21

成温暖感；而下面的羽毛乒乓纱，是乒乓纱与羽毛纱的结合体，在这样的结合中，羽毛纱饰的流动由乒乓纱的延长构成，有球体被拉长的感觉，极具动感性。（图 2-53）

22．桑巴纱

桑巴纱是两股纱线的轻捻，捻度不大，由色彩渐变的结子纱与红色的松树纱捻合在一起。松树纱的饰纱对结子的掩盖部分形成了丰富的色彩效果，不同的结子与红色饰纱形成了不同的色彩对比。这种纱线的编结，会在红色的统调中隐露星星点点的各种色彩，丰富而不零乱，统一而有变化。如图2-54，是三种桑巴纱的组合。

23．蝴蝶花式纱

一般情况下，芯纱与饰纱由两种材料组成，每隔一段距离芯纱捻合时捻进一段带子纱，而且是中段与芯纱捻合，两端任其随意摆动，会呈现出蝴蝶翅膀的效果，蝴蝶纱由此而来。（图 2-55）近来，蝴蝶纱在比较先进的工艺

中又有了很多的变化，如带子的长短、色彩、质地及与芯纱的捻合面积等都在不断变化，也就有了更多不同的效果，如图 2-56。而在图 2-57 中，纱线的织造方法与前面几种有一些不同，这一款蝴蝶纱采用后处理的方式，在纱线的组合时，大部分是织后的再构成，所以此款纱线显得比较丰富，不只是颜色上的原因，也有织法上的因素。

24．蜻蜓纱

与蝴蝶纱有相同的地方。但是在饰纱部分因为用的是原纱，所以形成的是半透明的羽状，并且，在不同情况下使用时，会有实与虚的过渡，很像蜻蜓的翅膀。它的变异形式也很多，如图2-58，强调的是饰纱部分颜色的丰富性与数量的聚集。

25．花瓣带子纱

采用逆向思维，用两根好针和两根断针相对放置，用两根不同种类的纱线——一种是棉纱，

图 2-58

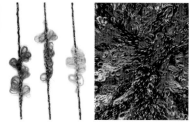

图 2-59

的是面料转变成的线材，也就是将面料处理成线材。这种处理，有时形成的是带状线材，有时形成的是面料的"束"，再通过各种结构组成面料。

（二）非传统线材

1. 带子纱

带子纱是近年来流行的花式纱线之一。它打破了传统线材由芯纱与饰纱组成而有圆心的特点，而是将纱线以不同的方法织成扁平的带子状。因制作方法的不同，可以有不同的表现织纹的肌理，如图 2-60，再加上色彩的不同变化，在编织的过程中，就形成了带子纱在翻转时的不同效果，这些翻转时形成的形状不是刻意表现

图 2-60

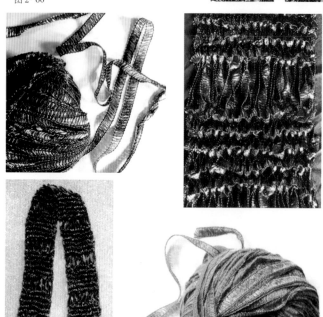

的，很大程度上是随意出现的。可控制的几率不多的同时，也将偶然因素带入其中，往往给人未知效果的心理期盼。

图 2-61 是带子纱的另一种形式，这是用纱线一次性织成的带子纱。由于阶段性的色彩及材质的变化，使带子纱形成的是一段段向上倾斜的螺旋效果。这种纱线在具体的编结时，如果长段的浮出使用，会有一种速度感，并且，根据与之搭配的材料的不同，会有不同的视觉速度感产生。图 2-62 是带子纱的另一种形式——网状带子纱，它一般以轻柔见长，

图 2-62

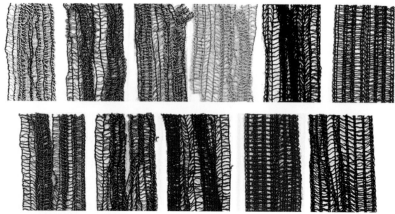

多表现缥缈的主题，对于编结工艺有很大的发展空间。

2. 毛边带状线材

将面料根据要求剪成条状，抽掉两侧的经线或纬线，留出短短的毛边。在进行编结的时候，毛边起到多层次、厚重的视觉效果，而且根据原面料的不同，也会有不同的毛边效果。如图 2-63，是在棉、麻、丝、毛等不同面料上做

图 2-61

的毛边实验，如再通过不同的组织手段，又会有所变异。图 2-64 则是利用了现代工艺织造的带状毛边线材，在织造的过程中，已经将纬线的头、尾两端打成毛边状，并且有不同的染色区域形成了不同的色彩效果。当某些纤维以单纤的形式出现时，染色的深浅及色相，会直接影响到材料的视觉肌理及光感。对于编织后的作品有不可预见的视觉效果，也是一种造型与色彩预见性的挑战。图 2-65 是同一种毛边纱加入金线

图 2-63　　　　　　　　　　　　　　　　　　　　　　　　　　　图 2-64

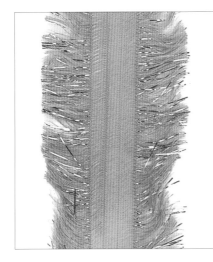 

图 2-65

成了粗与细的变化，圆筒本身转折形成的立体感及加银线时形成的闪光点，更增加了画面的凸起与进深感。排列时形成的疏密与叠加，共同构成了画面在视觉上的动感与空间感，让人有一种探究其深度的欲望。

4　面料"束"

将面料按相对宽度剪成条，再做编结或重叠。在制作过程中，由于不同程度的松紧变化，就形成了宽宽的带状与密集的束状的"线"，使原面料在肌理上有了很大的变化，即使是同一块面料，也会因其所处的位置、松紧的变化等形成不同的视觉效果。这种面料"束"的使用手法，在纺织品设

后，并加长了毛边所形成的动感状态。

3. 圆筒状线材

将面料根据要求剪成条状，再将其卷成圆筒形，黏合或者缝合成线材，再以编结等形式构成面料，其装饰性与特点会很突出。

这种用面料做成的线材，原面料质地及织法的不同突出表现在面料折射光方面，有光泽的面料与无光泽的面料、粗纹理的面料与细纹理的面料、透明的面料与不透明的面料等等，通过这种卷曲，会有不同的效果显示出来，如图 2-66。当然，在实际运用的过程中，因为使用的位置、方向，结构的紧与松、粘缝的实与虚的不同又会有不同的视觉效果。又如图 2-67，利用这种筒状线材本身所具有的伸缩性，在转折处形

图 2-68

图 2-69

图 2-66　　　　　　　　　　　图 2-67

23

图2-70

24

计的面料再造中出现的频率是比
较高的，如图2-68、图2-69。

　　5．盘曲纱

　　这是带子纱的一种变异，看
起来与前面的几种带子纱有很大
的不同。如图2-70，此纱线不像
前面几种带子纱那样为平面状态，
这一款带子纱是用较粗的毛纱盘
成曲线状，再用细纱线做固定，虽
然表面呈现的是扁平状，但大多
地方是镂空的，因此带子的感觉
并不是很强。

　　6．特型纱线

　　在偌大的纱线世界中，在每
一种纱线的基础上，都可以演变
出很多的系列产品。从工艺生产
的角度讲，应该从材质、捻和方式
上进行排列；从纺织品面料再造
的角度讲，就该将纱线在视觉效
果的整体外观上做分类。那么，有
很多纱线在组合方式上，是前面
分类中的两种或三种纱线的组合，
在这里暂且都归入特型纱线中。

　　图2-71是带子纱与松毛纱的
组合，与蝴蝶纱不同的是它将带
子部分做得长、宽，而且上面有很
多花纹，在质地上也有不同的变
化，有透明与不透明之分。图2-

图2-71

图2-72

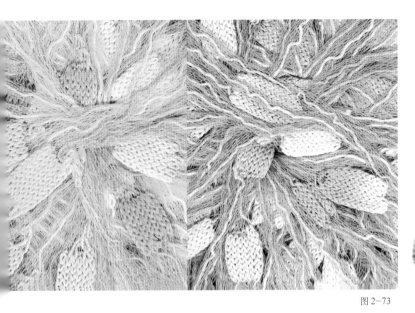
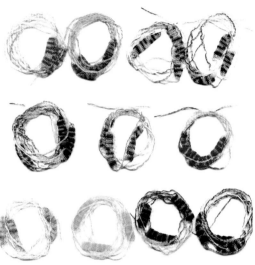

图2—73

图2—74

72 中的带子纱与前一种有相同之处，不同的是在长长的松树纱部分用纱线做了缠绕，结成一个个小辫子的模样，有松有紧，给人活泼的感觉。

图2—73是纱线与由纱线织成的方形片的组合。一段段的织片的加入，使纱线在整体形象上的变化形成强对比，将纤弱的线与大块的面连接在一起，反差是很大的，但有颜色等相同因素的融入，使这种纱线的编结更富挑战性。图2—74与前面一种基本相似，

只是在整体形状上都有所拉长，给人修长、舒展的视觉形象。编结后多呈轻柔、通透之感。

图2—75是牙刷纱与花瓣纱的结合。由牙刷纱纱毛部分的整齐对比出花瓣纱的自然与轻松。由于花瓣纱在饰纱织法上侧重于起绒，二者在质地上、形状上、色彩上都不能有一些较强的对比，但并不给人生硬的感觉，再加上用黑色芯纱调节整体关系，更达到沉稳的效果。

图2—75

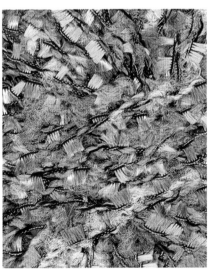

第三节 材料的掌握与冲出束缚

在前面部分中，我们从不同的角度了解了材料的重要性，但是，如果深陷其中还将是死路一条。

目前我们能找到的面材或线材，都是有一定的局限性的。要想在现有的基础上做到有所突破，首先一点是要有一个目标，围绕着这个目标，在面材和线材中找到那些能达到目标的、可以充分体现出原材料特点的细节，或者称为精华的部分。第二点是抛开原材料在面与线本质上的因素，去找寻思维的另一种方式——当面材再次成为面材、线材再次成为线材，当面材成为线材、线材成为面材时，即材料之间转换的过程，在这其中，思索时的闪光点是值得珍惜的。第三点是抛开所有的约定俗成的面材

25

与线材，从更广义的角度去搜索想象中的"面材"与"线材"，无论是什么物体，哪怕是体积状的东西，都不妨设想一下。在某些方面，最终的结果并不重要，过程是最能让人获得东西的。于是，开拓思维成为首要因素，也是人人都将面临的问题。但是因为每个人的思维方式的不同，决定了每个人寻找的结果会有所不同。

边缘学科的东西在多数时候是不能完全被了解的。也正因为如此，它有更多的神秘性，更大的吸引力，更广的研发余地与充分的想象空间。(图2-76～图2-81)

图2-77

图2-78

图2-76

图2-79

图 2-80

图 2-81

作品欣赏

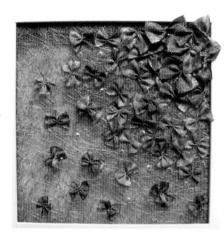

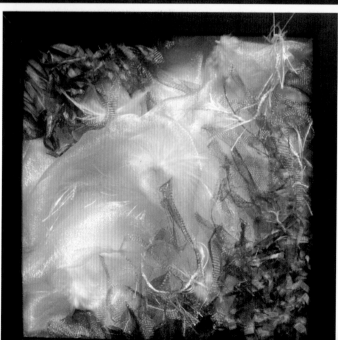

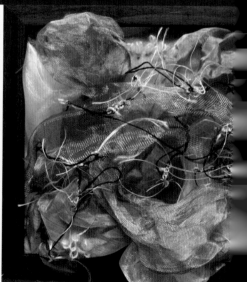

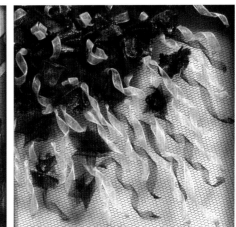

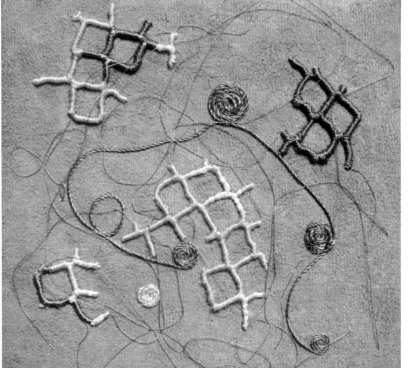

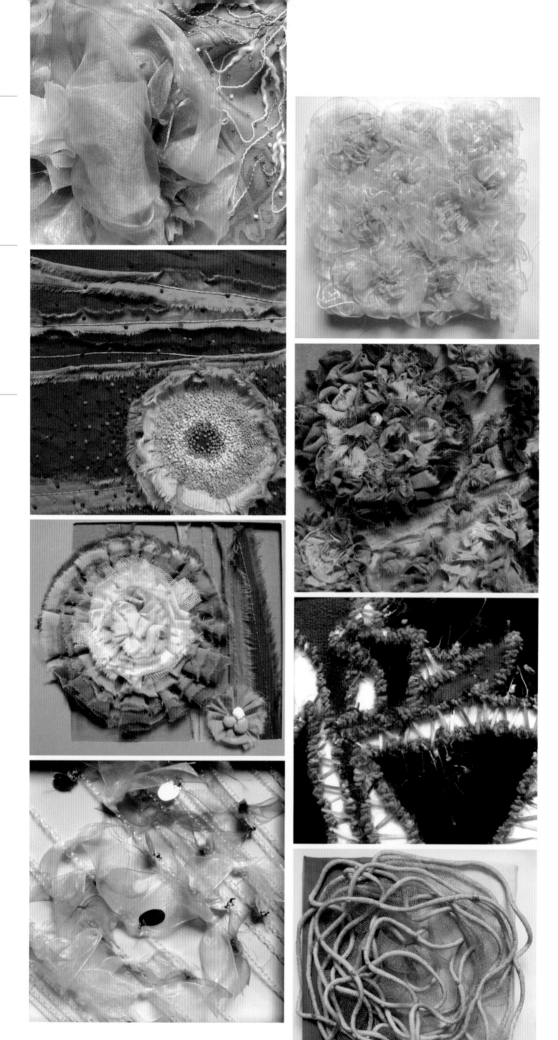

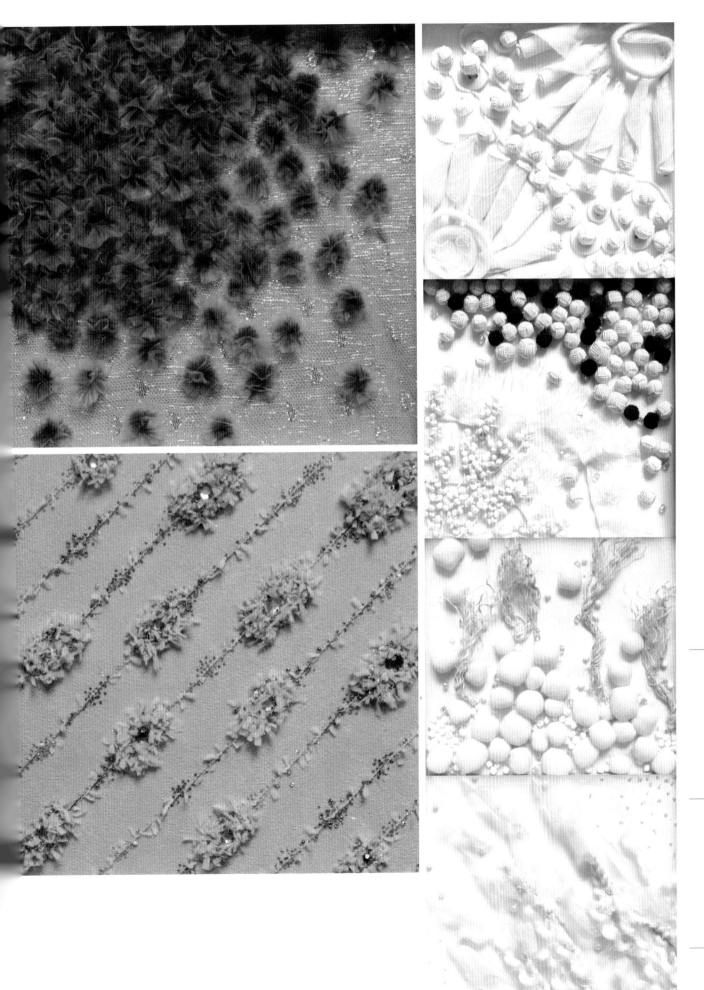

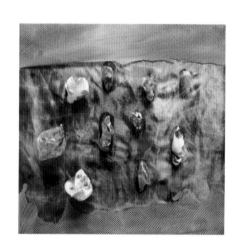

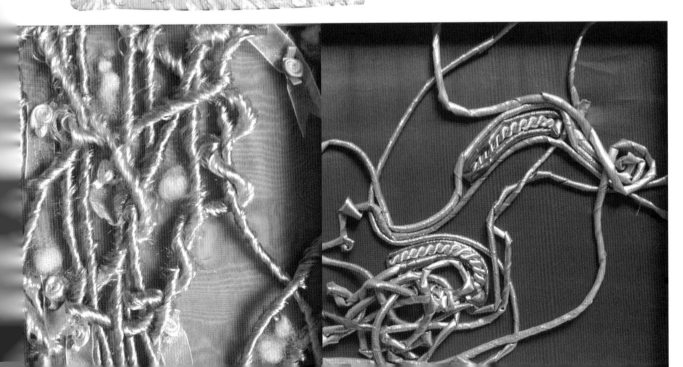

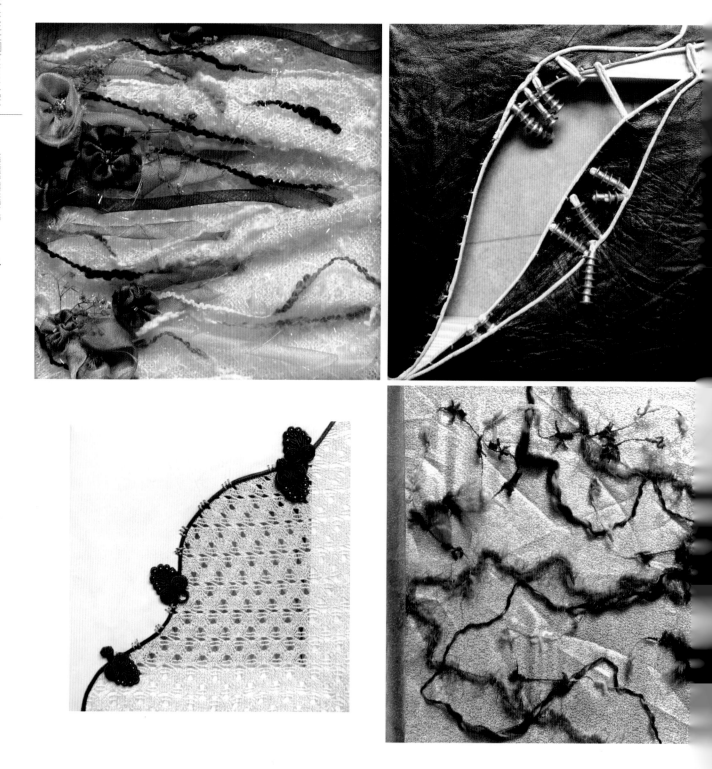

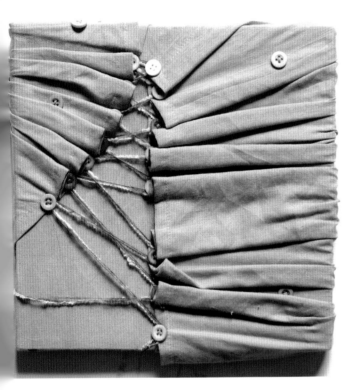

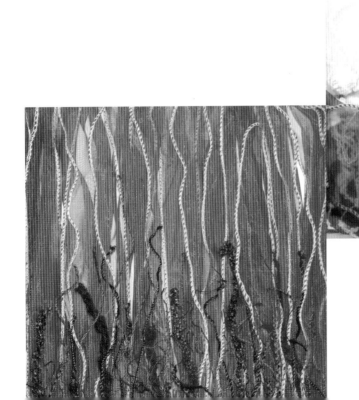

第三章

3

纺织品面料
再造的设计

第一节 纺织品面料再造的经典方式之一

一、寻找主题

在当今的服装设计与家纺设计中，主题设计成了一种主流设计。当然，先有设计后有主题的情形也不是没有，但是先有主题的设计已经形成一种概念。由此，在布料再造设计中，主题性设计也是首要的。这是一种传统的表达方式，犹如纯艺术中的主题创作，先有了主题，再有了素材，然后进一步着手创作，可以说是一种由源到流的设计方式，以正向的思维向前发展。在纺织品设计的面料再造设计中，就是在主题确定后，再着手寻找材料、确定组织结构与方式。通常情况下，

是在图片中寻找，这种寻找在某种程度上是一种情感的寄托。每个人因个人的经历、生长环境、性格的不同，情感寄托的点就会有所不同，世界观的形成也不同，当然不排除两个人选择同一幅图的情况，但即使如此，两个人所表现出的作品结果也会有所不同。

虽然我们要大家首先去选择图片，并以此为依据进行创作，但并不是去临摹一幅图片，而是将对这幅图片的感觉用纤维类的材质表现出来，最终呈现出的是一种个性的情感，是一种思维方式，是我们内心生活的一种体验。所以，选择的图片好与坏，不是决定因素，用材料表现出的纺织品设计的面料再造设计的好与坏，才是最重要的，关键是去感悟它，再充分地表现它。

下面是几例从原图到完成的

纺织品设计的面料再造习作，希望大家去体会这之间的关系。图3-1是一组寻找主题的作品。主题命名为"爱中的莎士比亚"，作者在设计说明中写到："漫步在中世纪的长廊中，走进莎翁述说的爱情故事，欢喜也好，悲怨也罢。美丽在那时间成为永恒……"在具体的表现上，可以追溯着设计者的脚步，一路走下来，我们感到，这是一个顺时针的螺旋轨迹。从第一幅中华丽的蕾丝、荷叶边到珍珠，里面蕴涵着无数的精致，沉浸于完全曲线的浪漫中。接下来第二幅中的条纹，充满了阳刚之气，也代表了实实在在的情绪，隐约之中的波浪曲线，既柔和了直线的硬度，也稳定了画面。第三幅尽管还是直线的表现，但其中的曲线律动在加大，力度也在加大。第四幅完全孕育在动感之中。冷

图3-1

爱中的莎士比亚
漫步在中世纪的长廊中，走进沙翁述说的爱情故事，欢喜也好，悲怨也罢。美丽在那时间成为永恒……

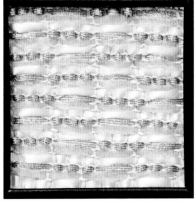

眼看去似乎有很多的直线排列，但仔细看过去，每一条感觉上的直线都在不停地颤动，而这颤动又都被控制在大的规矩中。作者用这一切来诠释莎士比亚。也许，它们在暗喻一种权力之争，一场经济动态，一次天气现象或者是再简单不过的色彩感觉。而图3—2则是侧重于主题色彩的描述，作者在设计说明中写道："整个系列作品，充满了顽童幻想多彩缤纷世界的心理，无邪得有点不食人间烟火的味道，但无论如何，快乐是整件作品中最重要的体现。"作者在这个主题的设计中，首先将主题色彩做了主观上的色相变异，有抽掉部分印刷色版的感觉，让图片色彩在表面的冲突中对应出面料的合理配合。从画面上单纯明快到极致的色彩，转入材料上的肌理色彩，这之间的过渡有一定的阶段性。从形状上看，制作部分似乎有些生硬，但内在因素的联系却可以找出无数。尤其是在第一幅的绿色调中，在保留原始图片整体感觉的基础上，对主色调的绿，不是用大面积染色而是

图 3—2

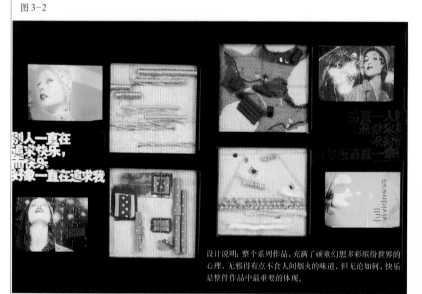

设计说明：整个系列作品，充满了顽童幻想多彩缤纷世界的心理，无邪得有点不食人间烟火的味道，但无论如何，快乐是整件作品中最重要的体现。

强调位置的主次，画面上赭石色调的利用是很关键的，也是十分提气的。这说明作者没有完全照搬原图片的内容，而是在强调主题的发挥上，将想要表现的加大视觉力度，该含蓄的又做得恰到好处。

二、寻找材料

随着现代科技的突飞猛进，越来越多的新材料在不知不觉中走进了我们的生活，仅在我们的衣食住行中，就有无数新材料的涌现。每天都有新的、我们叫不出名字的材料出现，而不是几十年前我们上课时，老师给我们讲述的纺织品的种类为麻、棉、丝、毛。当然，伴随着这一切的是需要我们不断地去看、去学、去认。即使这样，也免不了窘事的发生，常常会有人面对着众多的面料叫不出名字，因为我们知道的确实有限，而且感性的认知比较多，多数是从各种媒体上去了解一些纺织品的动态，而不能见到实物，这也是我们院校教学的弊端。

这种材料的寻找，也是有多种途径的。传统意义上的寻找，有

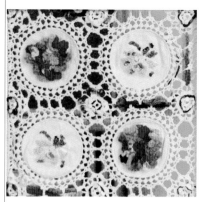

图 3—3

一定的比例，但我们提倡的是剖开表面现象的寻找，即在纺织材料的周边或者是外围去发现一切可利用的材料，打破传统的纺织或纤维的范畴，任何可利用的东西都可以尝试，即使不成功，我们也能明白它之所以不成功的原因。这种寻找与尝试是纺织品设计的面料再造的一个重要组成部分，这个过程是训练大家开阔思维的关键一环。还有一种寻找是完全解剖式的，就是对现成品的分解重组。如截取面料或带状物的一部分进行纺织品面料再造，在现有的面料上加工，用绣和堆加的方式，用缝和重叠的方式等等，尽可能做到使用一种材料就要将它分析透，这也是我们设课的目的之一。图3—3是运用现成的织物做再加工的例子。原织物为手工工艺勾制的台布，在此基础上，作者保留其玲珑剔透的效果，在空白的平纹面料部分添加上毛纱材料，以刺绣的手法堆积为较有体积感的色块，让传统的手工工艺具有更多的色彩因素与空间因素，在镂空的部分，有规律地穿入同类的毛纱，便于和中心的彩色毛纱相协调，构成呼应。由此，让传统的手工工艺，在不失清雅的前提下，增加了更加丰富的视觉因素。

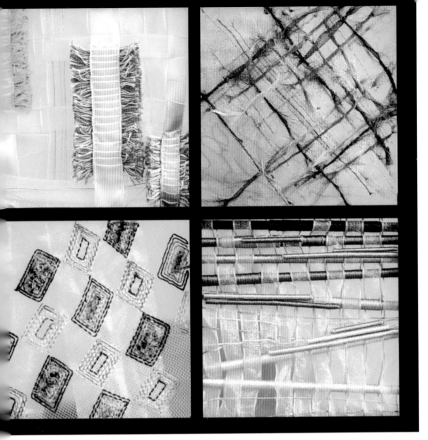

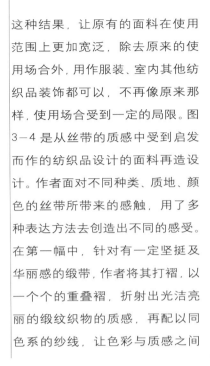

这种结果，让原有的面料在使用范围上更加宽泛，除去原来的使用场合外，用作服装、室内其他纺织品装饰都可以，不再像原来那样，使用场合受到一定的局限。图3-4是从丝带的质感中受到启发而作的纺织品设计的面料再造设计。作者面对不同种类、质地、颜色的丝带所带来的感触，用了多种表达方法去创造出不同的感受。在第一幅中，针对有一定坚挺及华丽感的缎带，作者将其打褶，以一个个的重叠褶，折射出光洁亮丽的缎纹织物的质感，再配以同色系的纱线，让色彩与质感之间

图 3-4

图 3-5

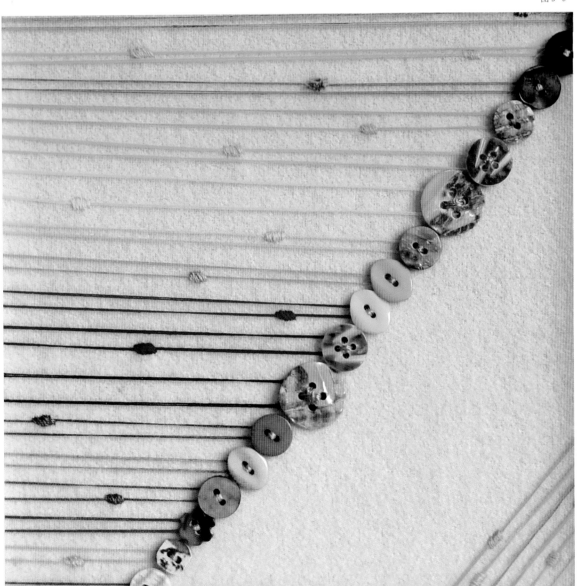

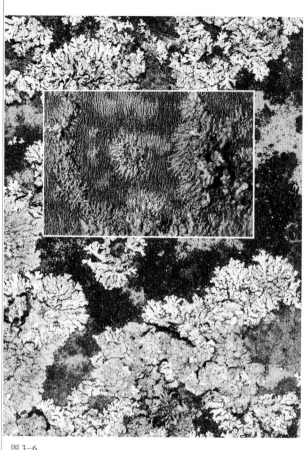

图 3-6   图 3-7

形成一种感觉上的通道。第二幅是将丝带两侧剪边后抽纱，再做加捻，让毛边在捻合时都形成向外发射的力。编结后形成的感觉是：虽然没有粗壮的形体，都是比较细的丝线在穿插编结，但整个画面却很有内在的力度，似乎每一条线都有随时弹射出画面的可能。第三幅是在缥缈的网纹纱上以丝线绣出一定的形状，在虚虚实实中强调的是面积上的差异。第四幅加入了一定量的硬材，将丝线缠绕在粗细不同的硬质线材上，再与丝带穿插编结。这时显现的是材料上的质感强对比，硬与软、薄与厚、虚与实及直线与曲线的对比关系。四幅作品用材基本相同，却在表达的情感上给出了完全不同的信号。图 3-5 是由扣子的有光泽材质肌理与面料的吸光肌理之间的组合。为调节视觉的适应度，又加入了趋于发光与吸光之间的人造丝线材。用底面料的简洁单纯托出扣子这种材料的

质感。仔细分析，其中的每一个扣子都有其自身色彩及质地的变化。在排列上，是一条直线的排法，扣子的色彩也没有严格按照过渡色的方式排列，有意的将几个亮色彩的扣子穿插其中起跳跃的作用。又将稳定画面色彩因素的重点放在丝线上，以颜色过渡的方式排列色线，形成目光巡视的导向，即由平面的白色地子到纤细的色线，到色线聚成的点，再到彩色的扣子。这是一个由虚到实、由轻到重、由冷到暖的过程。

三、寻找感觉

个性化设计的今天，不再是所有的人都穿、都用相同或相近的东西的时期了，物质文化的提高，让人们对个性化的设计更加向往。于是，追求个性的、有针对性的设计，成为一种趋势。也刚好让中国的设计不再是一股脑的大家奔向同一个方向，而是强调不同感觉的设计，或者说，这种设计训练已成为必然。

寻找感觉是以思维方式的彻底解放为前提的，也就是再进一步将思路与视觉放宽。我们要涉猎各个领域，从毫不相干的事物上寻找灵感，借鉴不相关的事物中的材质特点，如一些面料在韧性上体现塑料的特点，现在很多纺织品面料在质感上借鉴金属的光泽等等。我们所要做的是扩展视野，走出纤维的框子，在这之外寻找一种情结、一种理念、一种启发、一种原创的冲动。

可以说这种寻找是有一定难度的，并不是每个人都很容易就找得出这种希望中的闪光点，也并不是每个找出的闪光点都能以纺织品设计的面料再造的方式表现出来。这一切都必须要靠平时的积累。也就是说以往我们经历的每个阶段，都要在记忆中积累下来。这个积累的过程，因人而异，一般就会有很大的差别。你可以涉猎天文、地理、绘画、摄影、高科技产品等，从某一个局部或

图 3-8

图 3-9

宏观的角度去寻找一种你想表达的感觉，这个感觉可以很抽象，也可以很具象，关键是看你找到的感觉是什么样的，你所表达出来的这种感觉和你想要表达的感觉是否有距离或有多大的距离。其实，这里面有一个从感性到理性的过程，通过每个人的表述，可以看出他在思维上的思考深度，也是一种理论上的自我总结。

寻找感觉的过程是很漫长的，有很多时候是漫无边际的。但是，如果渡过这样一个阶段，就会适应这样的方法，而一旦掌握这样的方法，就会从中找到无穷的乐趣。那个时候，你就会觉得身边的一切材料都可以给你感觉，无论看到什么，都会有去再创造的冲动。

我们所寻找的感觉大体上可以分为直观的感觉与抽象的感觉。

直观感觉指的是在视觉范围内的一种具体形象，这种形象是客观存在的，尽管有时可能是触摸不到的，但一定是能被视觉感知到的，例如全息摄影的形象。但多数情况下，客观实体容易被表现。如图3-6是从植物菌的自然生长物中得到的一种感觉，从而制作为纤维质地的表面肌理。在色彩上、在造型上的借鉴并无奇特之处，关键是对材料质感的表现与再现。从图中，我们可以感觉到，表现的成分大于再现的成分，尤其是在肌理空间上做了很大程度的夸张，给人以原始视觉上的一种延伸。图3-7是一幅微观图片的感觉表现。作者强调了色彩因素在画面中的比例关系，与原图片相比，绿色成分被集中表现并加大了使用面积，使画面的整体

41

色彩与原图有一些出入，但因为整体感觉抓得比较准，还没有失去原图片的味道。玫瑰色虽然在使用量上与原图片没有多大出入，但因为将其收拢后集中表现在一两处，所以显得色彩更加活跃，富有生气。图3-9是在一面古老的红砖墙上得到的一种启示，为体现砖材的材质肌理，作者多用刺绣针法中的十字绣，反复地叠加，线材也选用相对粗的纤维来表现，完成了一种结结实实的墙面的效果。其实，为了说明本阶段的相关问题，我们将原图片放在这里一起展示。试想如果拿掉原图，作者的意图是否也一样可以感觉得到。图3-8同样是一幅微观生物的图片，由于作者的不同，对这幅图片

的感受变成了完全浮雕式的，图片中的每一组形象的色彩晕变，都被肌理特点很强的纤维堆积成丘壑状，似乎只有这样才足以表达出作者对微观生物的感受。而且，这种堆积的表现形式，在粗纱的结系中，反复地穿插，偶尔的纱线末端呈毛纱状随意释放，形成了毛纱丘壑与地子的衔接。在面料的整体构图上，组成丘壑状线条的疏密关系、长短对比、高低及颜色的穿插，都经过了深思熟虑。

抽象感觉指的是一种思潮、思维方式、情感、性格及心理活动的表现。在生活中，我们觉得是用色彩去表现情绪，如我们常说灰暗的心理与火红的激情，一切不过是一种感觉罢了。就我们所涉

及的抽象感觉而言，依每个人的经历、生长环境及教育方式的不同，对同一个抽象的概念也会有不同的理解及表现，因此，本阶段的重点不是对抽象感觉的体会，而是如何去表现这种感觉或是对抽象感觉在表现形式及表现手段上的进一步升华。例如，就时尚而言，对时尚的范围，无非是种种因素的颇具时代性而构成的一种氛围，因此让人觉得普遍意义上的时尚定义并不能很全面地概括时尚，因为某个人、某个时间段、某种情绪下，这一切都在不停地变。因此，我们要学会在不同人的作品中去体味不同人的时尚味觉。如图3-10，是四幅小图的旋转式过渡。先是由线到面的过渡，然后

图3-10

是大点、小点、规则曲线与不规则曲线之间的过渡。细看下来，还是这些最常见的因素，但作者在组织上是下了工夫的：1. 丝带的运用带有礼物包装感，也就是立体感是第一位，而不是像传统用法那样，平铺或做荷叶边于服装上起附属的作用；2. 将球体有意识地微微压扁，形成的球体在似与不似之间，让人们在模棱两可中迂回于变动中的心理导向，并且让大小不等的球体包上有色透明纱后，有边缘加重的色感，更增强其神秘性；3. 堆积的丝带多处于转折之形，突出展示给我们的是圆点——饱满的圆点；4. 灰色边缘的黑色丝带，卷起来后紧密排列，呈现出来的是一条条曲线，并卷向圆心。

从以上四幅小图中，能感到一种时尚的脉搏，虽然没有处处刻意强调什么，但还是让人感到它的前卫意识。

第二节 纺织品面料再造设计中的造型要素

一、织纹设计与纺织材料

织物的织纹设计，从经、纬线型的设计到构成组织，可以说是对材料美的发现和运用的过程。虽然织物所呈现的形态在构思中已有所确定，但在设计过程中，材料会不断左右着我们的思维和行动。不论是天然纤维还是化学纤维，纺织材料本身的审美特征是抽象的，而抽象较之具象更能开拓设计者联想的天地。各种纤维材料所具有的原始形态、色泽、肌理、质感和其他理化性质，会直接诱发设计者产生遐思，向人们暗示着构成织物雏形的意象，为人们提供了结构表现的形式范围。可以说，从材料的设计开始，运用材料去思考，是作为织物织纹设计的规范性而存在的。

那么在纺织品的面料再造中，对材料的表现被提到了更加重要的位置。正如我们前面讲过的，与纺织品面料中的材料相比，纺织品面料再造中材料的体现，犹如在高倍放大镜甚至是显微镜下的形象呈现，所以对材料在质感上、色彩上、视觉冲击上的要求更加

图3-11

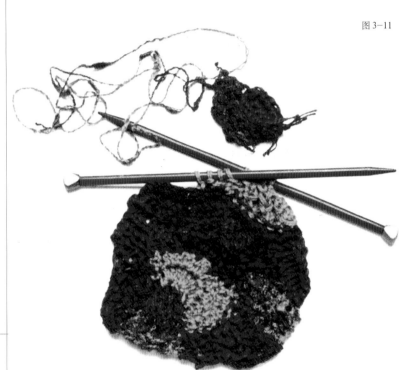

图 3—12

44

精益求精，因为用好了材料，会让作品加倍成功，用不好材料就会让作品加倍失败。所以，对纺织品材料的认识，我们要从源头谈起。

　纺织材料即纺织纤维，是由纺织纤维、其制成的纱线以及织物三者结合而成。

　纺织纤维就其来源而论，分为天然纤维和化学纤维两类。天然纤维包括植物纤维（如棉、麻等）、动物纤维（如羊毛、羊绒、蚕丝等）、矿物纤维（如石棉等）；化学纤维包括再生纤维（如粘胶纤维、醋酯纤维等）、人造纤维（如玻璃纤维、金属纤维等）、合成纤维（如腈纶、涤纶、丙纶、锦纶等）。

　由纺织纤维制得的纱线是构成纺织品的二次原料。从形态上分，包括普通纱线、长丝、新型纱线三类。而新型纱线中的花式纱

线以其独特的外观、手感、结构和质地，颇受设计者的青睐。其主要特征是纱的截面粗细不均或捻度不均、色彩变幻莫测、纱体上覆有花圈或结子等。花式纱线按其外观及加工工艺来分，有花色线（如彩点线、混色线、印花线、彩虹线）、花式线（如圈圈线、珠圈线、小辫线、螺旋线、结子线、大肚线、竹节线）以及特殊花式线（如雪尼尔线、拉毛线、包芯线、金银线、变形线）三类。花式线在织纹设计中常被作为装饰线点缀在织物中，使得织物妙趣横生，令人百看不厌。图 3—11 的花式纱线所显示出的是在制作上采取了编、织、勾等手法，让各式纱线集合在一起，整体展现出绚丽、和谐的色彩基调。再如图 3—12 花式纱线再现出来的视觉形象，在色彩的运用上比较

单纯，但其巧妙的构思、精湛的编织工艺，以及线体的点、线、面的绝佳组合跃然于眼前，不能不令人浮想联翩。

　由各种纤维和纱线制得的织物虽然有有机织物、针织物、编结物、非织造织物、特种织物之分，但就其材料的来源而言，无论是纱线还是织物，不外乎天然纤维和化学纤维两类制得。天然纤维制得的织物色泽柔和自然，手感柔软、弹性好、吸湿性和透气性俱佳。在纺织材料中具有得天独厚的作用，尤其是棉的舒适、麻的挺括、毛的高档和蚕丝的华贵，无不使人感到天然纤维那种亲近人的感觉的质地特性。化学纤维制得的织物色彩纯度高，光泽夺目，手感光洁挺括，但弹性及通透性均不如天然纤维。随着纺织科

学的发展，其外观及性能大为改进，并由其纺制出无数种各色各样的新型纱线，不仅为织物的织纹设计提供了丰富的原材料，而且也大大改善了织物的外观效果。

对纺织材料性能、外观的认识和理解，为在织纹设计中灵活、巧妙地选择运用不同材料提供了依据。作为设计者，对材料形式美感应该更感兴趣。从织物美的构成角度对材料进行选择，不外乎涉及材料外观对人的心理和生理所引起的各种体验，以及经纬材料的构成美，这便是其艺术性的重要体现之一，也是设计者捕捉艺术灵感的重要契机。其中也蕴涵了设计者表达织物美的艺术语言和新的组织形式的拓展与创造。

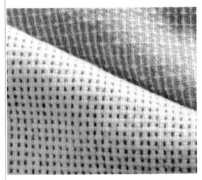

图 3—13

二、织纹设计与色彩

细细分析织物经纬交织后的色彩关系时，其中部分类似于色彩学中的空间混合。因为织物的色彩是通过经纬色线的配置和织纹组织的变化展现出来的。我们知道，经、纬色纱的交织形成了许多或分散或聚集的色点，这些色点产生的彩度、明度的多层次变化以及点、线、面综合构成的织纹效果，是印花和染色相形见绌的。

其中起决定作用的是色彩的空间混合效应。这种空间混合是织物在可见光照射下，反射、吸收所呈现的经纬沉浮点色彩在人们视觉中的混合感受，其原理基本属于现代色彩学中的中性混合范畴，但又不尽相同。因为织物的混色效应还与织物的花型、色线的配置、组织结构等密切相关。

在织纹设计中，经、纬线的色彩配置除要具备平衡、节奏、渐变、调和等配置法则以外，还应根据不同的材料、织物组织特征等来进行设计。这也是我们在纺织品面料的再造设计中同样必须具备的。

（一）素色织物的色彩配置

素色织物指的是织物表面呈现单一的色相，其色彩是单纯的，本身不涉及色与色之间的对比和调和问题，明度、纯度可高可低。在织纹设计中，素色织物的织纹可力求丰富的变化，充分显示其变幻无穷的肌理效果，如凹凸、疏密、平涩、粗细等。如图3—13，两

图 3—14

件作品均以本白色纱线为主，编织出独具肌理特点的形象，尤其是在凹凸与透空的处理上，别具特色。

（二）混色织物的色彩配置

两种或两种以上不同颜色的纤维经过工艺流程的和毛、梳毛、纺纱而制造成的织品，一般称为混色织物。其表面是不同色相搭配于一起的混合效果。其混色原则包括：同类色混合、邻近色混合、对比色混合、黑白的混合。以上四种混合方法，随着混合色的色度变化而得到不同明度的效果，也随着两种或两种以上混合成分

图 3—15

图3-18

的比重不同而产生不同的交织色相，使其显示出多姿多彩的色幻效果。在混色织物的织纹设计中，织纹的变化应视混色色相的多与少而定。色彩相对单纯的，如同类色混合中，组织变化可丰富多样；而对比色混合的，组织变化则以简单为宜。如图3-14，虽然为简单的平纹编织，但在色彩上运用了较对比的色彩，又有一些花式纱线在肌理上的变化，真正达到了色幻的效果。

（三）交织织物的色彩配置

两种或两种以上不同色彩的纱线织制成的织物一般称为交织织物。从外观上来看，可分为提花和条格两种。其中提花织物的色彩安排与混色织物的色彩配置大体相同，均属于色彩的空间混合。但这种织物所呈现出的花纹状态，

图3-16

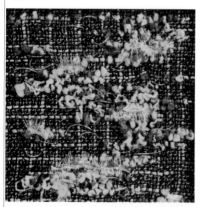

图3-17

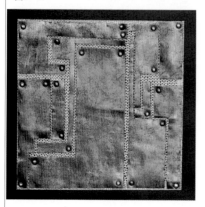

无论是同色经纬交织，还是不同色经纬交织，应注意到同类色的对照关系和对比色的统一法则。而条格织物的色彩配置既要强调多样的变化，又要有统一的色调；既要注重色与色的比重，又要注意到色彩的明暗、深浅的比例（即浓淡和层次的关系）；更要注意到块面大小的比重（即轻重与虚实的关系）。图3-15为一组混色与提花的织物，在色彩处理上，充分运用材料本身的特点，将视觉肌理中的对比体现出来，又不失去色彩的对比与谐调关系。尤其在一、二幅图中，其大胆地使用几组补色的对比，又由于在织纹方面处理

的比例合适，并不给人过分强烈的感觉。

三、点、线、面，在织纹设计中的视觉语言

（一）点

从普遍意义上讲，点是最小的形态和最简单的形态。康定斯基在他的《点、线、面》中指出："点在任何艺术领域里都可以找到，所以其内在力量毫无疑问地将逐步为艺术家所意识到，点的意义决不可忽视。"

在艺术范畴中，点的疏密、聚散，不仅可以表现出浓淡，也可以表现出立体感。例如用相同形状的点排列时，密集的地方会有凸

出感，松散的地方会有凹陷感；若等距离排列，会形成另一层面；小点子布满画面又会有特别的肌理效果。在一件作品中包含较多的形象时，这些形象之间的关系该怎样安排呢？我们来看两个例子。图3—16中，强调的是点的大小之间的对比，即由纱线组成的平纹肌理的小点与饰纱部分，也就是纱线在画面上形成的结子——（大点）所产生的对比关系。虽说是相同色调的组合，但因为有了

图3—19

大与小、深与浅的对比关系，因此达到了既和谐又清爽的感觉。图3—17～图3—18呈现给观者的是点自身位置及与其他形状组合时的典型范例，画面上的点子并不是很多，但在安排位置时，在疏密上相对合理，在组织规律上颇有可取之处。

在纺织品面料再造的织纹设计中，由于点的相对突出，所以织纹设计的核心是其组织结构的设计。所谓组织结构即为经、纬线的交织、浮沉规律，而经、纬的交织必然产生交织点即组织点。为了明确经、纬线的浮沉规律，人们规定了经或纬组织点。因此也可说，这些组织点使分散的纱线联结在一起，形成了千姿百

态的织物形象。

在纺织品设计的面料再造的织纹设计中，点（组织点）的形态不仅有平面、立体、大小形状的差异，还有色彩、质地的区别。我们知道在三原组织中的缎纹组织是交织点最少、结构最不紧密的组织。它所形成的缎纹织物具有平整、光滑的表面，使人感觉不到其经纬交织的框架结构，只能感觉到其典型的平面形态，这也是缎纹组织光泽夺目的主要原因。可见，在缎纹组织及类似的组织结构中，组织点没有成为视线凝聚的焦点。正由于它是如此含蓄，使得缎纹等这类织物的颗粒感、凹凸感很弱。相反，平纹组织是交织点最多、最密的组织，它所形成的平纹织物颗粒感极强，每一个经纬线的交织点，或浮或沉于表面，强烈地显示出立体形态。图3—20以极粗的面料纤维做经纬线的编织，让平纹编织的组织点以颗粒的形式出现，点的形象比较突出。在

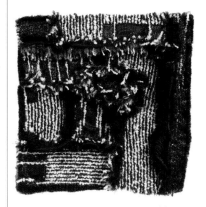

图3—21

这里，面料中纤细的经纬线的平纹组织的特点并不突出，很有放大了几十倍的平纹面料的感觉，即使是细微的经纬线的粗细变化，在这里也被夸张地表现出来。

由组织点的疏密变化所产生的织纹效果是令人耳目一新的，可以通过改变织纹部分与局部的比例和位置关系，使变化出的不同视觉感受的构成形式与明暗调子跃然于织物上。从图3—21看到，组织点的疏密变化在织物表面上呈现出一种特殊肌理效应，即凹凸感。在组织图中，交织点最多的

47

图3—20

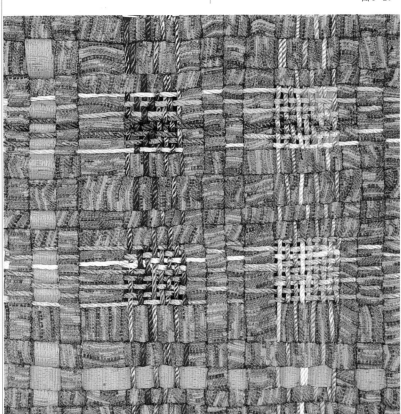

48

部位对其纤维间有一定的扩张力，使其周围的纱线产生变形，它们或被耸起形成凹凸，或被挤紧形成空隙，如蜂巢组织、透孔组织等。

组织点的规律性或非规律性的重复，使织纹效果产生秩序和节奏感。平纹组织即为典型的规律性重复，因此，它也最为匀整、光洁。绉组织则为组织点的非规律性重复，其组织点的大小、位置呈无规律变化，按此组织构成的织物表面，形成明显绉起的小颗粒，好像沙粒撒在地上，平坦中略见起伏。由于其无规律起伏，使织物表面光泽柔和、若隐若现，令人产生种种有趣的想象。

（二）线

从古埃及、巴比伦、印度、希腊以及美洲的玛雅文化的绘画，到现代大师毕加索、马蒂斯、克利、米罗的作品，都以线条为造型的基础语言，从而创造出无限惊人之作。中国更是从古至今以线表现所有一切。正如美国的库克在《西洋名画家绘画技法》中所说："以线条的形式来观察自然界，这种倾向似乎是人类的一种普遍特色，无论在何时，他们要表现事物时都是这样。"

图 3-23

图 3-24

图 3-22

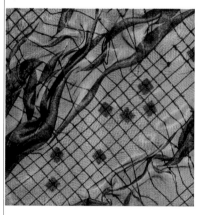

线具有丰富的表现力，通过线的变化和组合，从而显示出疏密、虚实、动静、节奏、刚柔、和谐等形式的美感。同时，线的装饰性和形式美，在很大程度上取决于线的变化程度。如图 3-22，强调曲线弯曲程度的变化，体现其装饰性。而直线和曲线的结合，谓之复合线条，其变化更具刚柔之韵味，因而其装饰性更易为人们欣赏。图 3-23 强调大的律动线及大的色带动感，通过运用纯色之间的对比，使一个恬静、空寂的环境平添了几分活泼。图 3-24，冷眼看去，由浓浓的色彩组成的线状物洒洒脱脱，看似随便却也错落有致。以色珠与扣子穿成的曲线，形成一定的律动线条，富于弹性。他们共同构成的韵律，呈现出优雅、飘逸的动态美，同时也颇具异域风情。图3—25是一件以编织的手法完成的纺织品设计的面料再造作品，在主体形象上布满了各种各样的线，突出了形象的个性与特点，又强调其形象的生动感。

我们知道，在许多现代画家的不同风格的作品中，线表现出不同性格的形式美。如米罗作品中的线，具有天真、纯朴的美；马蒂斯作品中的线具有单纯简洁的概括美；汉斯作品中的线，具有弧线的节奏感；蒙德里安作品中的线，具有以直线分割平面的抽象美。用法国杰·德卢西奥·迈耶在《视觉美学》中的一句话来说："线条是现代生活的命脉。"

从概念上讲，线即为点的集合。就形态上看，线既细又长。而从织纹结构上分析，组织点的连续不断即是织纹中的线（浮长线）。

线在纺织品设计的面料再造形态中，不仅有位置、长度、粗细的变化，而且还有形状、色彩、角度、材料等的变化。如在织纹中，浮长线由于受经、纬方向的框架限制，大多为直线，但由直线又可演变出很多不同形态的织纹纹样。图3—26就表现出了直线，这也是浮长线的作用与特点。

线的规则构成所产生的几何纹样在织纹设计中发挥着不可忽视的作用。这是由向一定角度、距离和方向延伸的线排列、交织而形成的几何纹样。因此，这类织纹纹样的设计要注重骨骼（骨架）的变化，也就是二方连续、四方连续的设计方式。图3—27为纵向排列的组织形式，形成的线多呈修长状，易于表现连续性很强的创意。图3—28为横向排列的组织形式，

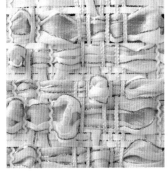

图3—26

图3—27

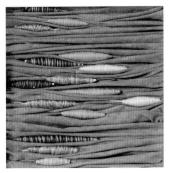

图3—28

49

图3—25

图3—29

图3—30

这是两个最基本的单元组织。设计者可以根据构思，首先找出其单元形式、大的横竖关系、线的方向性即线的动态及大的流动趋势确定后，再确定整个织纹纹样的骨架，即可完成织纹纹样的设计。

（三）面

面是点的扩大或点群的聚集以及线的大量密集而形成的，也可称作点的面化或线的面化。在一定形状的轮廓内以线或面料来布满所构成的平面，都会给人一种充实感。图3-31是以线的排列布满一定的平面，表面的视觉效果是由这些线排列成的面，它们有一定的立体感，并且形成一定的方向性，不管是长的线还是短的线，都因排列的形式让人产生流动的感觉。在纺织品设计的面料再造设计中，无数的形象都具有相应的

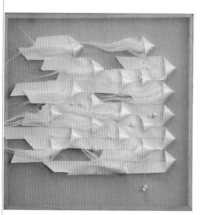

图3-31

立体度，也就是常常与底面不同，感觉是另一个高度、另一个层次的面，或者是我们再创造出的另外一个面。图3-32呈现出由面的大小形成的对比感很强的疏密关系。

在实际的设计过程中，单纯地用一种视觉要素的情况是不多的，多数时候是点、线、面同时运用。如图3-33中的形象被点、线、

面表现得丰富多彩，又不落俗套。图3-34是在画面中穿插运用点、线、面诸要素，不论是点聚集成面还是纱线排列成面，或者是单纯的用面料所表现的形，都围绕着主体，把作者的意图表现得切意而又随意。

在造型艺术中，均匀密集的点和线都能产生面。同样在织纹设计中，组织点的密集、扩大或浮长线的加宽、并列，则产生织纹中的面形特征。这种面形特征，在具备形象轮廓的基础上，更有体积感与量感的实际存在。

在织纹设计中，面是很少独立存在的。因为没有交织则不成织纹，有交织则必然产生交织点，交织点又将打破面的完整。因此，面与点、线必将同时存在于它们的对立统一体中。由于组织结构在织物中总是呈多个循环的重复排列，容易取得统一。因此，对比的因素就成了突出的要求。图3-35为点线对比，若将点放大，则成图3-36这种线面的对比了。图3-37为点面对比，形成活泼的视觉效应。图3-38为面的对比，其对比效果强烈，形成凹凸外观。

图3-32

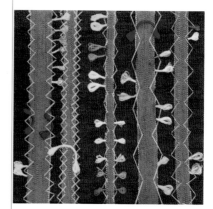

图3-33

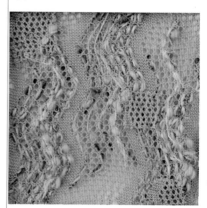

图3-34

图3-35

图3-36

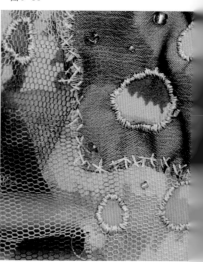

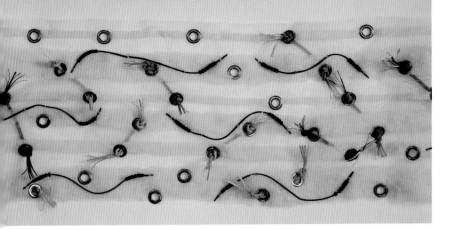

图3-37

图3-38

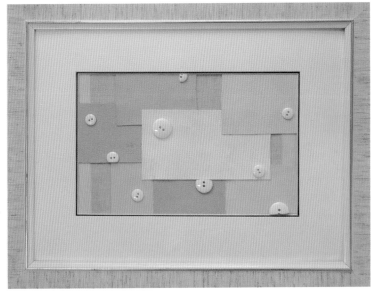

图3-39

第三节 物质形态

物质形态首先是指不同设计之间，因使用材料的不同而有区别；在视觉上的差异是比较明显的。其次，指同一设计中不同材料的搭配，造成性能、外观上的不同，特征的组合。第三，因加工工艺不同使相同材料的表面效果不同，这三个方面，都与设计的物质形态有关。

一、质感

绘画术语中的"质感"，是指颜料和笔触对描述对象材质的再现，如丝绸和毛呢的不同，铁和木的不同等。设计的质感概念，则较注重材料所引起的心理反应，并以此为基础在允许的条件下，进行不同材质的组合搭配。

人类对材料表面效果的一种心理感受，即所谓心理反应，与材料的质地是没有关系的。例如，用粗花呢面料与丝绸面料去表现相同一个形状，粗花呢所表现的作品会显得有力度、有重量，轮廓清晰。而丝绸面料所表现的作品则显温柔、圆润、轻盈。其实两种材质从物理学上讲都属纤维材料。我们把这种感受分为温暖型和清爽型两类。如丝绸、粘胶纤维织物等各种发光的纺织品，属于清爽型，如图3-40、图3-41。而毛呢、棉、麻等厚重织物则称为温暖型纺织品材料，如图3-42、图3-43。这些质感的分类，重点是表现特征，往往与加工工艺、色泽有联系。当然，也不能抛开事实与结果不符的情况，这里强调的是我们感

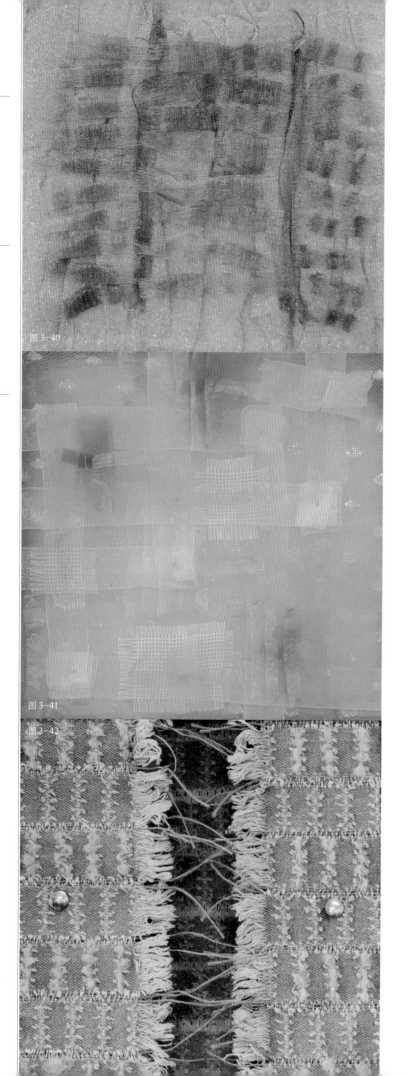

图 3-40

图 3-41

图 3-42

受的现象，如果在某些情况下产生矛盾，也该是意料之中。当现象与本质不一致时，心理感受的质感就脱离了它的本质，而与真正的面料材质无关。

二、量感

量感与质感一样，由于心理因素的介入，使材料的质地与光、影、色泽混合为一种不同于物理性质的量感。相同材料因表面情况的不同，量感会不同；不同材料经过表面处理也可能在量感上很相像。一斤棉花与一斤毛花尼料

图 3-43

在重量上是相等的，却会在很多情况下有错误的答案，这是因为重量感与体量感的概念被混淆了。

重量感是与重力相应的量感，即轻重不同的感觉。一般色泽深、表面粗、反光钝的物体显得沉重。体量感以感觉上的体积大小为主要判断依据，同时，色彩、表面的质感等因素也从心理上对它们产生影响。在实际使用中，宽敞的环境可使用一些粗肌理的、深色的、封闭性的面料，这也是我们在做纺织品设计的面料再造设计时很关键的一步。而环境不大时，一定要用浅色的、光滑的、镂空的面料，这样才不会产生拥挤感，空间在浅色的环境中会显得宽敞和轻松。

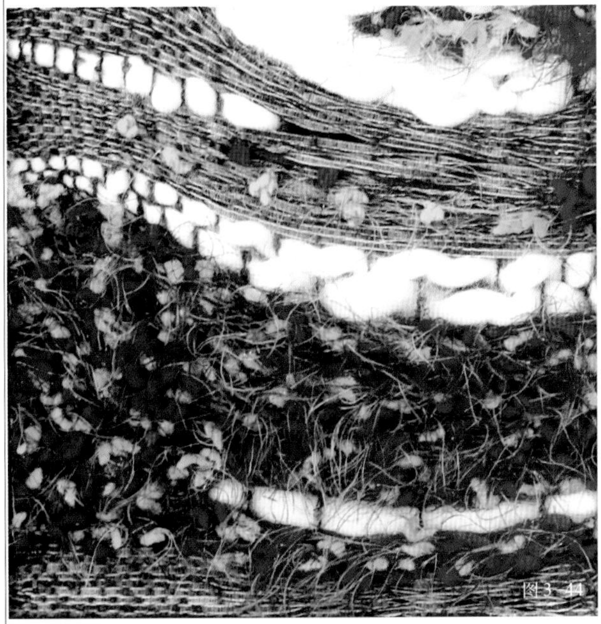

图3-44

图3-45

图3-46

图3-47

图3-48

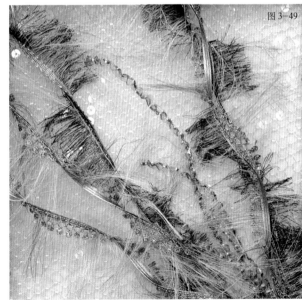

图3-49

如图3—44、图3—45这样相对粗肌理的再造面料就比较适合大的空间。而图3—46～图3—49这样多采取镂空形式构造，有一定空间感的面料，对于空间视觉感觉，都会起到相对外延的作用。

三、表现力

不同材料之间，因性能、加工方法不同，表现力也不相同。表现力的强弱是相对而言的，离开一定的需要，就无所谓表现力的高低。每种材料都有适合表现的领域。（图3—50～图3—53）

图3—51

图3—50 这幅作业，有活跃、跳动的色彩及轻松的线条，在动感设计上有一定的创新，缺点是对于画面的层次处理上没有进一步的推敲，上下之间缺少一些联系。

图3—52 强调形状的强烈对比，在材料的运用上稍有欠缺，上下布料之间缺少联系，尤其是两种材料之间本身就没有任何关系，应该做一些材料形状上的过渡。

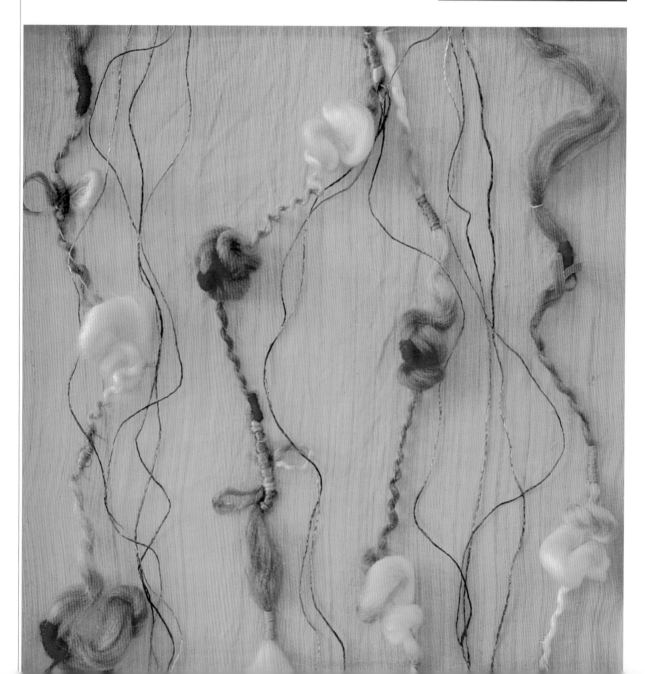

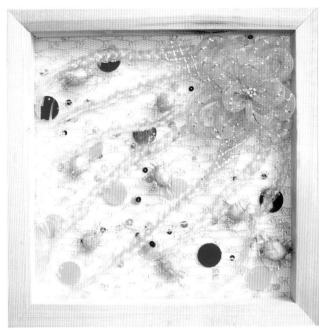
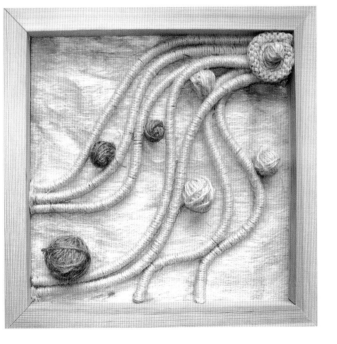

图 3—53

作品欣赏

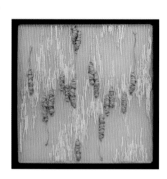

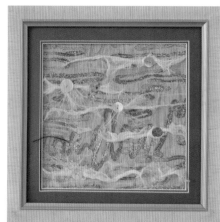

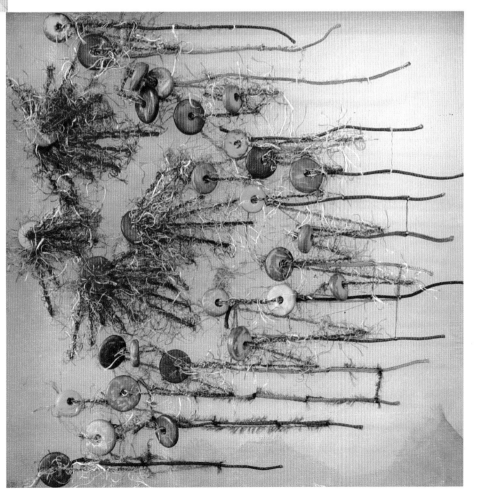

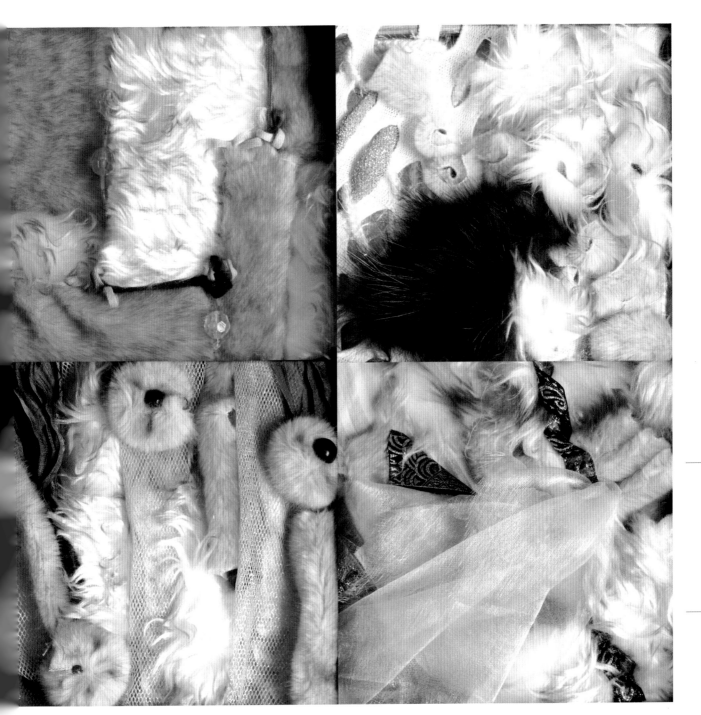

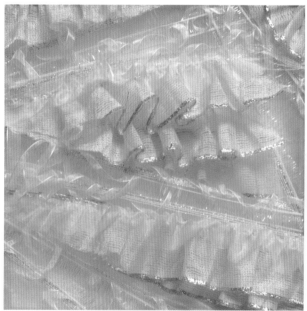

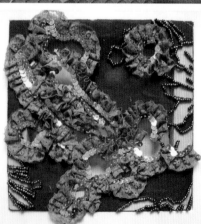

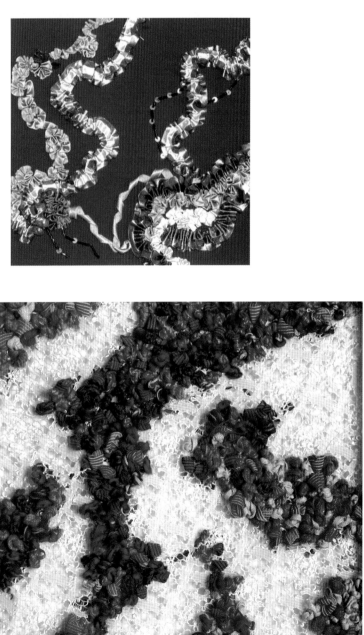

第四章 4

纺织品面料再造的制作结构

第一节 编结类

一、织纹艺术概述

传统意义上的织纹，是以经、纬线的浮沉来表现各种装饰形象的，且以纤维的性能、纱线的形态、织物的组织变化显示出各种材料的质地、光泽、纹理等效果，是艺术与工艺结合的造型方式。

从室内纺织品设计来讲，纺织品面料再造的织纹设计可以说是传统织纹设计的一种拓展形式。它结合各种基本织纹工艺来呈现意趣盎然的外观效果。它要求首先熟谙织纹设计的造型技巧，这样不仅可从织纹工艺的角度培养学习者用脑和手再现材料美、肌理美等综合设计的能力，而且也能训练学习者在动手之中，对装饰纹样的统筹运用能力。现代纺织品设计中的织纹设计（织物结构设计），从现代织造工艺的层面来审视，它是对织物的功能、材料、结构、工艺、形态、色彩、装饰等诸因素，从社会的、经济的、技术的角度综合处理的产物。故而，力求材料美与肌理美是织纹设计的首要环节，况且，当把由此织造而成的织物应用于室内环境设计之中时，还能够为丰富与强化特定空间的审美逸趣起到重要作用。

在现代室内环境设计中，织物涉及其中的方方面面，如窗帘、台布、床罩、枕套等，织物以它独有的软性特质以及和谐的色彩搭配、肌理组合，营造着室内空间环境的风格与气氛。它恰到好处地将实用性和装饰性完美结合于一身，同时又将织物特性中的诸多要素淋漓尽致地表露出来。在服用面料的使用范畴中，织物也涉及很多方面，如西装、礼服、表演性时装、职业装等等，尤其是在时装中，纺织品设计的面料再造以它独有的制作特性与使用中的宽泛性，将面料间的关系和谐地组合。纺织品设计的面料再造中的结构往往通过与原材料、色彩、织物肌

图4-1

理的合理组合，根据创意者的意图完成种种风格的整体氛围，而且可以完美地表达出作者倾注到织物中的情感。例如纺织品的三大原材料——天然纤维、再生纤维、合成纤维，皆为了构成室内纺织品与服用纺织品之视觉、触感的基本要素。但不同的纤维材料传递着迥异的视触语言：棉、麻的高吸湿、防静电；丝的华贵、富丽；

图4-2

毛的温暖、吸音、舒适等。天然纤维的合理选用不仅适应了给定环境的特殊功能，还顺从了人对织物的要求。此外，化学纤维的纯纺及其与天然纤维的混纺，在增强了织物耐用性和可观性的同时，也不同程度地改善了天然纤维的某些缺憾。

织物的组织结构也是制约拥有不同用途的纺织品的要素之一。组织结构既是构筑织物的框架形式，也是凸现其图案纹样有别于印花纹样的又一手段。从织造工艺角度而言，织物组织形式中的三原组织——平纹、斜纹、缎纹，以不同的交织规律及表现形式左右着织物最终的诸如软硬、

疏密、松紧、厚薄等品貌个性。生活中的平纹组织匀整平洁、质地紧密服帖，可用作家具的覆盖织物；斜纹组织秩序感强、悬垂性好、耐磨易洗，可用作装饰窗帘、帷幔等；缎纹组织匀洁柔软、滑爽厚实，可用作床上用品等。从审美角度而言，织物中经纬线以特定规律相互浮沉交织所形成的织纹效果构成了不同于印花图案的新的图案形式。如平纹组织具有明显的颗粒感，可视其为点的构成；斜纹组织所特有的形态各异的斜纹线，证实了其典型的线的构成；缎纹组织由于密集的浮长线遮盖了均匀分布的为数不多的浮点，故此可将其理喻为面的构成。而由三原组织组合变化来的综合组织，则是点、线、面共同构成的典范。经纬线如此交织所产生的或平坦或起伏的丰富多变的肌理效应，是印花图案所难以比拟的。因此，即便是同一色彩的经、纬线，若配以适当的织物组织来织造织成的织物表面仍会以一种特有的图案语境呈现出来。由于经纬

图4-3

以及经纬线交织的框架对光的反射不尽相同，于是经纬线的色彩也会生发微妙的变化。当以同一色彩织物诉诸特定室内环境中或某一组时装时，能起到统一和谐之效果。如若该织物拥有丰富的肌理效果，则会使整个室内空间或一个系列时装在统一之中富有变化，玩味无穷之感油然而生。此外，不同色彩的经纬线，配以得当的织物组织来织造，由于经纬线的交织所产生的色点（交织点）彼此并置排列，其显现出的色彩空间混合效果更令织物色彩斑斓绚丽。例如，图4-1即是依靠色织纹织物的组织变化来形成其色泽效应的实例，虽然织物采用单色，但在光的作用下生发一种虚实相生的双色效果来，给人不着一色，却尽得风流的视感体验。图4-2是由红、黄、蓝诸色织成的色织布制作的装饰桌布，其视觉效果犹如雨后的彩虹一样，既美丽又醒目，简约而不失恢宏之势。图4-3为色织提花织物，其色彩效果堪与多套色的印花效果媲美，而它所特有

的厚实而丰满的质感则更胜印花织物一筹。这些纯粹利用织物本身的织纹肌理感作为环境装饰变化要素的艺术表现方式，更是把织物的"人性"优点展露得淋漓尽致，美不胜收。

二、织纹艺术设计的基本概念

（一）经线

在织物内，平行于织边方向的纱线。

（二）纬线

在织物内，垂直于织边方向的纱线。

（三）织物组织

在织物内，经、纬线按一定规律相互浮沉交织，这种相互浮沉交织的规律称为织物组织。

三、三原组织及三原变化组织

（一）平纹、斜纹和缎纹组织

1. 平纹组织

平纹组织是织物组织中最为简单的组织，它是由经、纬线一上一下相交而成的，经组织点数等于纬组织点数，所以正、反面组织特征基本相同。平纹组织虽然简单，但经纬交织点排列最稠密，因此具有结构紧密、质地坚牢、手感硬挺之特点。在编织的时候，可以充分利用交织点这一特征，用少数套色，经过交织呈现出多种颜色。另外，还可以利用不同的原料、捻向，采取不同的密度，编织成各种肌理和质感的织物，如横向凸条、纵向凸条、皱效应等。

在设计平纹组织的织物过程中，可充分利用交织点多、颗粒感强这一特点，用少数套色，经交织

而呈现出多种色彩的变化。其色彩的空间混合效果体现得也最为充分。如经纱采用由暖（或冷）色渐变至冷（或暖）色调；纬纱采用单一色彩，或与经纱色彩变化规律相同的纬纱，采用平纹组织交织，最终呈现出冷暖色调交替变化、绚丽多彩的外观效果。若经纬纱皆为羊毛材料，可再经缩绒和拉毛后整理加工，则织物表面不仅被均匀丰满的绒毛所覆盖，而且各色绒毛混为一体，色彩也愈加柔和自然。平纹组织的组织图见4-4，实物图见4-5。

平纹组织的特点是，具有平整、挺括、颗粒感强等外观效果，但该类纺织品的弹性、悬垂度略显不足。如果巧妙地运用于时装中，它的挺爽感往往会形成装饰性很强的特点。只有合理地选择经纬材料，方可弥补其形态上的不足。

2. 斜纹组织

斜纹组织的特点是经组织点或纬组织点连续构成斜向纹格。斜纹组织由于组织循环数大而浮

图4-4 平纹

长，故有正反面的区别，当经组织点多于纬组织点时，叫经面斜纹。反之，则称为纬面斜纹。另外，斜纹组织的经、纬交织点比较少，所以斜纹组织的牢度不如平纹组织。但手感比平纹织物柔软。斜纹的倾斜度是随经纬线的密度而变化的。经纱密时，则斜度加大，线的捻向也影响斜纹的清晰度，因此，要有所选择。一般来说，斜纹组织至少需要3根经、纬线，方可构成一个组织循环。它的特征是，在织物表面呈现出由经（纬）浮点组成的斜纹线，斜纹的倾斜方向有左右之分。

65

图4-5

图4-6 斜纹

图4-7

在设计斜纹组织的织物时，其形象特征不同于颗粒感强的平纹织物，它是以点与线来构成装饰形象的，而平纹织物则是以点的组合构成视觉语言的。但斜纹组织变化方法很多，如斜纹线的疏密、粗细、曲直、方向等，再配以色经、色纬的巧妙搭配，即可得到一幅变幻无穷、色彩缤纷的画面。此外，在民族、民间纹样中，单单以变化的斜纹线组合织成的纹样不胜枚举，由此可见织物组织设计之重要。斜纹组织的组织图见4-6，实物图见4-7。

在生活中，室内装饰织物大多选用斜纹组织。它不仅具有丰富的外观效果，而且在手感及悬垂性等方面都表现出良好的服用性能。但是对于浮长线较长的织物，其不耐洗、易缩水等特点便又成为不可忽视的弊端了。而在纺织品设计的面料再造的设计中，浮长线的使用，正是表现形体、空间肌理的最直接手段。

3. 缎纹组织

在织物中，一组纱线的各个单独浮点间的距离较远，织物表面被另一组纱线的较长浮线所覆盖，这便是缎纹组织的特点。因

此，一般来讲，织物表面显示不出浮点短的一组纱线。缎纹组织交织次数在三原组织中最少，所以，手感最柔软，但强度最低，且其正、反面特征相反。在缎纹组织织物的设计过程中，要区别于以点构成形象的平纹组织和以线构成形象的斜纹组织，它是由面来构成各种装饰形象的。其中，纬面缎纹是以色彩不同的纬纱按缎纹组织交织出不同的面的构成，这在织纹设计中较为常用。因为经纱几乎被纬浮长线完全盖住，体现不出其色彩的变化，故设计者在穿纬纱时，可随心所欲地变换纬纱颜色以达到预期的设计意图。经面缎纹组织的表面是以经纱的色彩倾向为主调，故此，在穿完经纱后，无论纬纱怎样变换色彩，对织物的表面效果改观并不大，这便是设计中很少采用经面缎纹的原因。

具体设计缎纹组织时，还常常用到民间传统工艺"缂丝"，即通经断纬的手法。这便为纬纱色彩的变化提供了便利条件。但采用此法交织时要注意断纬间的衔接，以免使织成的织物不够服帖。缎纹组织的组织图见图4-8，实物图见图4-9。

缎纹组织织物在现代室内纺织品中的运用较为广泛，诸如近年来备受大家青睐的大提花装饰布，大多采用化纤长丝为原料、缎纹组织为结构，所织造成的织物不仅华贵艳丽，而且质地、肌理变幻多样，形成了单凭印染所无法替代的外观优势。

（二）织物的变化组织

织物的变化组织是以前面讲的原组织为基础，加以适当变化而获得的具有其变化的基础原组织的某些特征的新的组织。这类变化组织，在纺织品设计的面料

再造中使用并不是很多，因为再造中的织纹与纺织品的织纹有一定的距离，可以随着作者的意图变化，而不必像纺织品设计中的织纹那样有严格的骨架。因此，在这里只作简单的介绍。

1. 平纹变化组织

平纹变化组织包括经重平及变化经重平、纬重平及变化纬重平、方平及变化方平组织。

经重平及变化经重平：以平纹组织为基础，沿经向重复同类组织点，扩大组织循环数，即为经重平组织。若上下重复的组织点数相等，为经重平组织。若重复的组织点数不等，则为变化经重平组织。其织物具有横向凸条外观。

纬重平及变化纬重平：以平纹为基础，沿纬向重复同类组织点，扩大组织循环数，即为纬重平组织。若重复的组织点数相等，则称纬重平组织。若重复的组织点数不相等，则为变化纬重平组织，其织物具有纵向凸条外观。

方平及变化方平组织：以平纹为基础，同时沿经向和纬向重复组织点，扩大组织循环数，即为方平组织。它是经、纬重平的结合。若重复的组织点数相等，则为方平组织。若重复的组织点数不等，则为变化方平组织。其织物平整、颗粒感强，具有粗细宽窄不一的纵横条格花纹。

图 4-8 缎纹

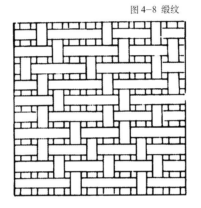

图 4-9

2. 斜纹变化组织

斜纹变化组织是以斜纹原组织为基础，通过改变其倾斜角、粗细、条数等，形成山形、菱形、芦席、锯齿形、复合斜纹、曲线斜纹等。

斜纹变化组织的织纹、肌理足以令织物外表形态多姿多彩，既可采用单纯的色彩和丰富的织纹相组合，也可安排简洁的织纹和绚烂的颜色相搭配。

3. 缎纹变化组织

在正面缎纹的基础上，加以适当变化而得到的组织，即为缎纹变化组织。一般的变化方法即增加或减少组织点，但无论增加还是减少组织点，均不可与相邻的同类浮点相接，以保持缎纹组织点分布均匀的特征。

四、起绒组织

起绒组织是使用特殊的编织方式，使织物表面具有一层绒毛。起绒根据需要，可长可短，也可是局部起绒以产生变化，也可是双面起绒以增加厚度，多面欣赏。起绒组织主要靠绒面与外界接触。因此，具有耐磨、结实、保暖的特点，另外，还具有增加肌理美感的效果。

起绒的基本方法有：

1. 根据起绒的长短，把线剪开，然后将线缠在经线上，再织一排平纹组织将起绒的线压紧，最后根据需要把绒线剪理整齐，如图 4-10。

2. 像起圈那样，用工具把线编绕在经线上，然后织一排平纹组织把线压紧，再把圈剪开形成绒状，如图 4-11。

3. 圈起绒法，方法与上述做法基本上相似，只是非常费线。这

67

种方法具有特殊的艺术效果，特别是需要制造极具立体感的肌理时，一般都用这种方法。(图4-12)

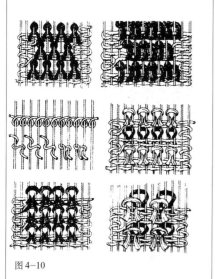

图4-10

第二节 刺绣结构概述

一、传统刺绣的基本概念

刺绣，俗称"绣花"、"扎花"，是中国优秀的民族工艺美术之一。刺绣成品具有浓厚的装饰效果和艺术感染力，所以自古以来，人们总以"锦绣"并称来比喻许多美好事物，如"锦绣河山"、"锦绣前程"、"锦心绣口"等等。但刺绣花纹的形成，却与彩锦不同。锦是在织机上用提花的方法织造出来的，而刺绣却还要在已经织

好的丝绸布帛上进行再加工。用绣花针和彩线，按设计图样，运用种种针法，在织物上刺缀，添附出种种花纹来。

刺绣工艺，在中国有着久远的历史传统，先秦文献中就多有记述，如"黼衣绣裳"、"衮衣绣裳"以及"素衣朱绣"(即用朱砂涂染了丝线，在素白的衣服上刺绣朱红的花纹)。较早还有《尚书·虞

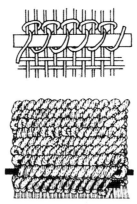

图4-11

书》所记载的传说，帝舜命禹做衣服的故事："予欲观古人之象，日、月、星辰、山、龙、华虫作会(画绘)，宗彝、藻、火、粉米、黼、黻绣(刺绣)。以五采彰施于五色作服(衣服)。"这就是著名的天子衮冕十二章服制度。古人上衣下裳，前六章在衣，后六章在裳，上绘而下绣。历代相袭，编入舆服志中奉为圣典，直到清朝灭亡，袁世凯称帝，都要搞这上绘下绣的"礼服"。从这里也反映出刺绣工艺源远流长和历久不衰的地位。纵观历代精品，从刺绣技术方面来看，上述所有出土绣品的针法，绝大多数为锁绣(或称锁丝法)。绣纹是以丝缕圈套连接而成的，并可由这

种绣纹组成面饰。大约上起殷周，下及两汉，共一千七八百多年间，锁绣针法在刺绣工艺中一直占主要位置。无论是线、面组合的大小图案，都用这种单一针法加工，只有很少例子是采用平绣针法的。在这些锁绣作品中，还有锁绣的各种变格针法，如开口式、闭口式、辫绣、"又"形针、单环针、半环针，以及与锁绣表面效果相同

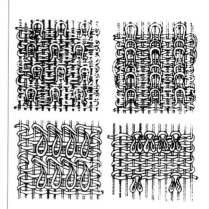

图4-12

的一种较省便的"接针"针法。"又"形针和单环针常用于绣点、撇花纹，接针有时用于刻画细线纹的末梢。西汉时期还发现了平绣、打子针法及贴绢、贴羽毛等刺绣形式。其后晋、南北朝由于刺绣佛像和表现人面部的需要，加之刺绣莲花、牡丹、鸳鸯，飞鸟等写实纹样的增多，平绣针法的应用有了较快发展。隋唐以后臻于成熟，并进入了多种针法综合融汇发展时期。

了解了中国的刺绣传统之后，我们知道，早期刺绣是重在实用的。到纺织品这种最宜于刺绣的材料出现之后，刺绣艺术才得到长足的进展。在衣服上书绘、刺

绣某种花纹，也可能是原始部族文身黥面习俗的一种延伸。由于当时社会物力维艰，刺绣较织造花纹更容易因繁就简而普遍应用。刺绣针法的选择是以坚牢、耐用、富有实用价值为上乘。在这方面，锁绣织物和平绣织物相比，前者是占绝对优势的。所以锁绣针法，使用得最为广泛和长久。

在纺织品设计的面料再造的设计中，刺绣技法的运用比较普遍，但与传统的刺绣相比在材料、技法上又有一些突破。尤其是在材料的运用上，突出特点是比较多地运用形象相对醒目的毛纱、花式纱线。也是由于纺织品设计的面料再造设计的特点，决定它每进行一步，都要有一个明显的效果。而且，在以下的篇幅中，我们虽然介绍了很多刺绣的针法，但实际在面料再造设计中，应用最多的不外乎是平绣、锁绣与打子等几种。在纺织品设计的面料再造中，我国优秀的民族传统在

被夸张地运用的同时，也可以说是对传统的一种继承发展。

二、针法

（一）平绣

在平绣中，又分几种针法：

1. 平针

平针是刺绣的基本针法，又叫齐针、直针、出边。起落针都必须绣在纹样边缘，要求针脚排列整齐均匀，不露底、不重叠。一般用来绣小花、小叶等图案。刺绣大面积纹饰时，也多先用平针打底后再加绣其他针法。绣品既美观又浑厚，且能压住过长针脚。平针因针脚的不同排列方式而有各种不同名目，如直平针、斜平针、人字针等，如图4—13。在纺织品设计的面料再造设计中，平绣的用法要灵活得多，根据作者的创意，针脚的长短及排列方式都有大的自由空间。如图4—14从某种程度上讲，并没有完全按照传统的针法那样不露出地子的长线排列，而是有意识地松散排列线条，让隐

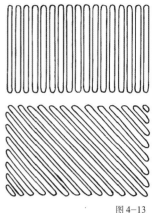

图4—13

图4—15

约透出的底层线形成几个丰富画面的因素。这样大面积的平针排列，注重的是线的方向感、色彩感及整体布局。

2. 套针

套针是平绣中常用的针法。其实物最早见于长沙马王堆汉墓，唐宋时十分流行。这种针法线条排列灵活，可起调和色彩的作用，丝理转折自如，镶色、接色都很和谐。特点是，针脚皆相嵌，有五彩缤纷的效果。此针法在仿绣绘画作品中应用最多，现代苏州双面绣多用此针法绣成。套针又分单套针、双套针、集套针等，如图4—15。可以说套针所起的作用就是让画面中的色彩逐渐过渡，让形象逐渐过渡，让画面上的层次更加丰富。如图4—16，如果没有淡蓝色调的套针，画面中的空洞、单调是可想而知的。有了这些纹理，

图4—14

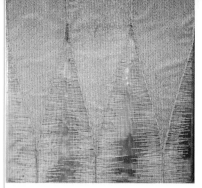

图 4—16

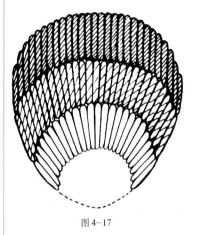

图 4—17

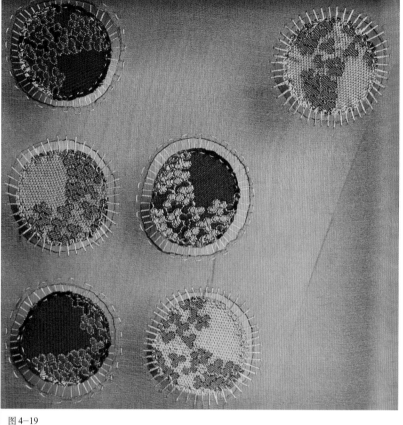

图 4—19

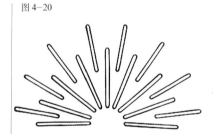

图 4—20

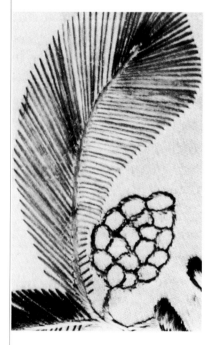

立刻让空间关系加强了，色相关系丰富了。

3. 抢针

抢针又叫戗针，是用短直针脚按纹饰形状，分层刺绣的方法。通常有两种绣法，从纹饰外缘向内，按顺序分层绣出叫"正抢针"；从内向外层层绣出叫"反抢针"。反抢每层还多加一根扣线在内，使层层绣纹整齐。绣线颜色往往是依照纹样的设计，采用由浅至深或由深至浅的色晕效果。采用这种针法的绣品较为结实，纹饰装饰性强。（图 4—17）

4. 松针

松针是按放射线状运针，丝线排列如半扇形，或轮状，外缘落针在同一圆周上，保龄球收针在同一针孔内。这种绣法北方民间又称作"扒车轱辘"，如图 4—18。松针绣发展在面料设计中，就成了图 4—19 这种形态，外缘落针在一个圆周上，但并不内收在一个针孔内。它在这里起的是一个固定两块面料的作用，也是两块面料的一个色彩过渡、视觉过渡、空间过渡。

5. 撒针

撒针的刺绣效果是针脚分布有如一把撒出的形态，针脚按放射状四面运针，蓬松而内紧外散的漫射式运针。表现蓬松毛羽或枝叶的地方多采用这种针法，有的地方也叫"蓬铺针"。（图 4—20）

（二）锁绣

锁绣又叫穿花、套花、锁花、络花、扣花、拉花、套针、链环针，是由绣线圈套组成。因绣纹效果似一锁链而得名。运针方法简单，是最古老的针法之一，出土实物最早见于西周时代。北京大葆台西汉墓出土的锁绣显现的针法也很清楚。

因其绣面结构布满孔隙，消旋光性能好，所以色彩显得厚重、不浮艳，有"点彩"的感觉。如果说劈绒平绣具闪光"缎面"效果，那么锁绣就是"织罗"的效果。

锁绣的色彩对比较平绣强烈，却不显跳。绣纹装饰性强，线条弹性好，不弱不绵，边缘清晰，富有立体感。成品耐洗磨，具实用性，尤其是应用于服装面料中。它还衍生出各种形式：

1. 闭合式锁绣

闭合式锁绣是环套起落在同一针孔内，如图4-21。闭合式锁绣在纺织品设计的面料再造设计中的运用，与传统民族用法有很多相似之处，即用来绣花卉的茎一类的曲线，如图4-22。这种针法由于是一针针套在一起的，能很好地表现植物枝茎这样有弹性又有力度的线。而在图4-23中，闭合式锁绣起到了色彩点缀及丰富形象的作用，在彩条的网状面料上，间隔不等地加上一些饱满的小颗粒，给视觉以不断的冲击，以刺激其兴奋点。

2. 开口式锁绣

开口式锁绣是环套有或大或小的开口。（图4-24）

3. 双套锁绣

双套锁绣是每锁一针压两个线圈，形成一种边缘紧密的锁绣法。（图4-25）

4. 单环针

锁绣环套单独使用时，叫单环针，也叫乌眼针。单独使用环套两脚时呈"又"字形交叉的，叫"又"形针。（图4-26）

5. 半环针

半环针是锁绣的变格形式，运针如同锁绣，只是起落针脚距离较宽，可独立使用，也可相互压绣成各种装饰纹样和用作结边（图4-27）。在中国的传统刺绣针

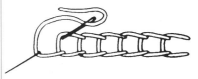

图4-24

图4-25

图4-26

71

图4-21

图4-22

图4-23

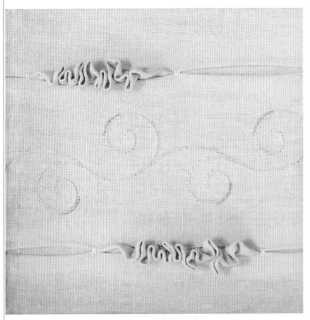

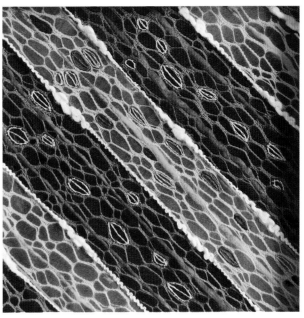

法中，这种针法叫半环针，多数情况下是起锁绣的作用的。在欧洲国家，这种针法叫做"克里特"绣，它被用作很随意的展现一些形体及色块之间的连接（图4—28）。"克里特"绣与中国的传统刺绣针法在用法上有些不同，它不是像在中国传统刺绣中那样很规矩地去描绘轮廓，或平铺一个形象，而是用不同粗细、不同颜色、不同肌理的线去表达一种视觉动感情结，画面上没有具体的形象，只见飞动的线在不停地走动，而且速度很快。在底面料做了部分晕染后，更烘托出整体氛围。画面上穿珠

的部位，是为求得视觉停留时的一个平台。从二者在使用方面的不同，看出了东西方在文化上、在情感表达上的不同，其所波及的手法实施及结果也不同。

6. 辫绣

辫绣又称辫子股，也是锁绣的变格形式。它的运针方法，是用针刺破前一圈套，压过第二圈套再拉起绣线，往复作绣。辫绣线圈紧密，如同发辫，多用粗丝线绣作一或二道压边。压长边时，又多随纹饰的曲折及图案的需要分段换色，对称造型则取对压法。此针法在贵州苗族刺绣中应用很

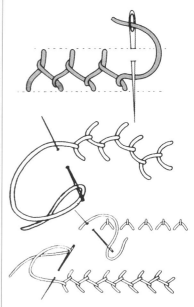

图4—27

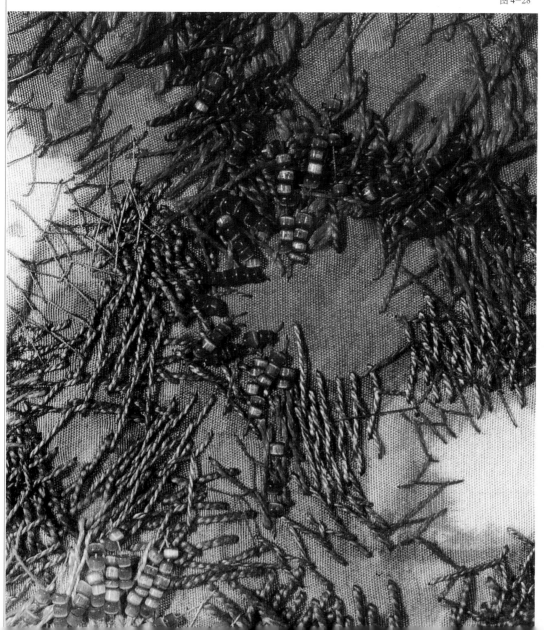

图4—28

广，如图4—29。辫绣以其起伏大、立体感强为特点，在纺织品设计的面料再造中，发展成以事先编好的小辫子固定在画面上的方式，它与传统的辫绣相比，起伏性更强，但牢固度不高。优点是：（1）在编结小辫子时，可以随意加减各种花式纱线，不存在花式纱线在穿过面料时，因饰纱变化过多而引起穿起来困难的问题；（2）可以在所有的小辫子都编完后在画面上随意摆，直到认为合适后再进行固定。给构图留有发挥的空间，给最后结果一定的发挥余地（图4—30）。

7．锁边绣

锁边绣又称"锁针"、"锁口"、"文明边"、"锁扣"。常用于锁绣服装扣眼、边缘装饰等。刺绣中的小型花纹、钉缀补花、包花和雕绣绣品也常采用。用锁边绣法包绣一根金线称"锁金"，如图4—31。锁边绣的传统针法以牢固、耐磨为其主要特点，在纺织品设计的面料再造设计中，形象间的处理、面积的分割、画面起伏的强化，都是锁边绣施展的空间。如图4—32，以锁边绣的方法让镂空的部分与其

多样，宜大宜小，组织方便灵活，在刺绣技法中非常重要。较早见于出土文物的结子工艺是外蒙古诺因乌拉东汉墓出土的绣件。更早的工艺表现则见于山东临淄春秋战国墓葬出土的丝履上的装饰结子。在民间多用打子来刺绣花蕊，也独立刺绣花卉、动物、人物和图案等。尤其是一些日用绣品或在绣品易磨损部位，此针法的使用更为普遍。如荷包、褙裢、坐垫以及小孩鞋包头等。针法变化形式多至二十几种，如图4—33、图4—34。打子针法，在传统针法中

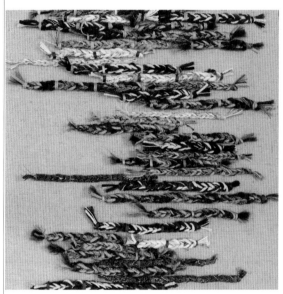

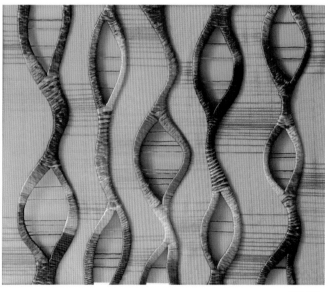

图4—30

图4—32

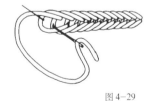

图4—29

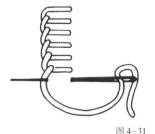

图4—31

余的平面形成明显的对比。其中有色彩的对比、形状的对比及空间的对比。

（三）打子绣

打子即打籽，又称结子或环绣，有的地方也叫打疙瘩。这种针法简单易做且实用性高，绣纹立体感强又极富光彩。是在绣地上挽扣，结出一粒粒环状小结子，故得名"打子"。这是最古老的针法之一。它的特点是粒颗结构变化

是比较灵活的，在面料再造设计中应用时就更加自由，可以不受形象的限制，任意运用（图4—35）。哪里需要就可以在哪里打子，想多打就多打，想少打就少打。而在传统刺绣针法中，多数情况下是在花蕊或某一形象上打子的。在图4—36、图4—37中，不仅是打子的位置比较随意，连色彩、形状大小也相对随意一些，让人感到更加活泼、生动。

图4-35

（四）十字绣

十字绣又称"挑花"，也叫"架花"、"十字股"、"挑罗"、"拉棱"，是古老传统针法之一，绣做时，绣料上扣"十字纹"的丝数多少由十字的大小而定，用十字纹拼列组成各种图案。绣时需要注意针迹排列整齐，行距清晰，"十"字大小一致。抽拉绣线要力量均匀，拉线过重绣料起皱，过轻则纹饰不均匀易起毛，有损外观效果和牢度。（图4-38）

这种针法有单色绣和彩色绣，以单色挑花应用最广，现今我国一些少数民族中仍盛行。农村妇女日常应用的围裙、枕巾、头巾、小儿背篼、各种衣饰等大多采用此法绣做。十字绣简单易做，图案装饰性强，且因其坚牢耐洗深得人们喜爱，如图4-39。而在面料设计中，十字绣的针法与传统用法有本质的区别。这里不再强调用十字纹去排列图案，每一个十字因材料质地、材料精细的不同，它本身就是一个纹样单位。如图4-40，凝视这件作品时，它不会

吸引你的视线去完成对某一个形象的寻找，而是你的注意力会被每一个十字的方向、材质、色彩等因素吸引。在图4-41中，这样的形象特点更加突出，以至于再没有别的什么。同样是十字绣，图4-42与前面的有所不同，这一幅运用十字绣的作品，强调的是画面上肌理的起伏，强调纱线与带子纱、粗

图4-33

图4-34

图4-36

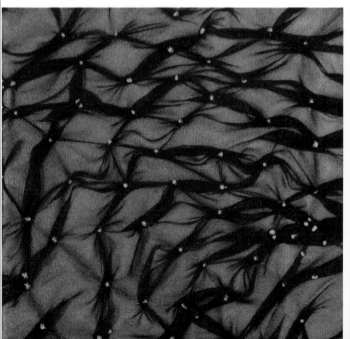

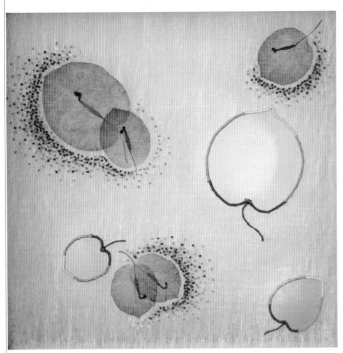

图 4-37

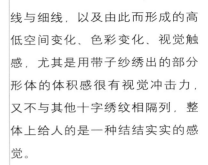

线与细线，以及由此而形成的高低空间变化、色彩变化、视觉触感，尤其是用带子纱绣出的部分形体的体积感很有视觉冲击力，又不与其他十字绣纹相隔列，整体上给人的是一种结结实实的感觉。

（五）网绣

网绣亦称花针绣、纹针绣，苗族叫"扳花"。选用纱罗组织有规矩网眼的质料为地子来回编穿缭绕作绣，或在其他紧密质料地子上，先缝钉骨架成直行，或各种不同的斜线、格状，再用各针法来回穿孔，编加绣花纹样。另外，不同网绣纹样之间，或网绣与其他绣法纹样相配组成图案时，在局部网绣纹样外围都要用滚针或钉金银线等针法圈边勾界。网绣可独立使用，也常与别种绣饰相配组成精美图案（图4-43～图4-

图 4-38

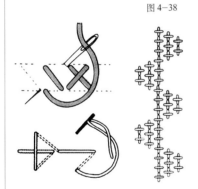

图 4-39

图 4-40

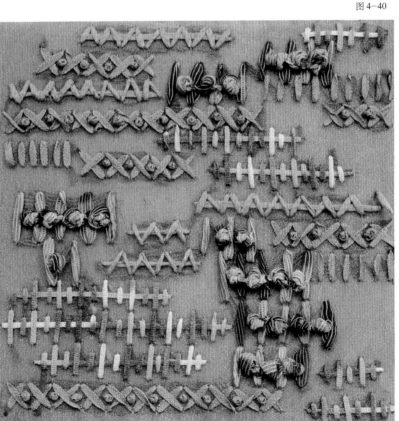

45）。网绣体现在纺织品设计的面料再造中，骨架还是有的，但没有了传统网绣中严谨的视觉效果。首先是因为，在这里，骨架结构不再那么一丝不苟，其次是纺织品设计的面料再造中为追求整体效果，往往在材料上下工夫，注重材料的视觉效果与表面肌理。这样，会有不同质地、不同粗细的材料并用于一个空间，势必造成各种因素之间的对比与制约，同时，也就降低了原有的骨架清晰度。如图4-46，作者在基本保持骨架规矩的情况下，利用面料卷曲后的穿插，来体现网绣手法的特点，也因为展示的材料之间对比较大，尤其是粗与细、光与暗的对比，也就让人自然地忽略了骨架而寻找更吸引目光的东西。

这种针法在网眼料地上绣的纹饰有如镂空雕饰，在紧密料地上作绣又似包罩一道轻薄花幔，很为人们欢迎。

（六）线纹针绣

1. 滚针

滚针多用来表现强性线条，其表面效果如同一条股线。又有"曲针"、"棍针"、"咬针"、"牵针"、"柳针"等名，绣成的线纹不露针眼，针针相拼，后一针约起于前一针的三分之一处，针眼藏在前一个针脚的下面，衔接自然。线条粗细匀称，常用来刺绣植物枝条和叶筋、图案纹饰的圈边以及坚挺的线条（图4-47）。滚针在纺织品设计的面料再造设计中与传统刺绣针法应用相似，多以形象轮廓的形式出现，只不过在运针上不似刺绣中那么严谨，注重的是色彩效果及形式感等因素，线条多呈粗壮拙美，多以刻画形象大的动势与韵律为主。

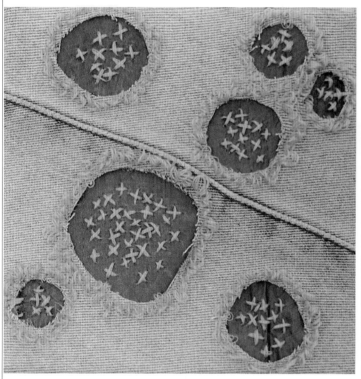

图4-41

图4-42

图4-43

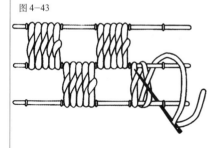

图4-44

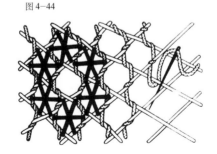

图4-45

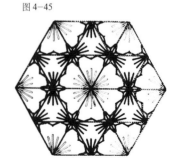

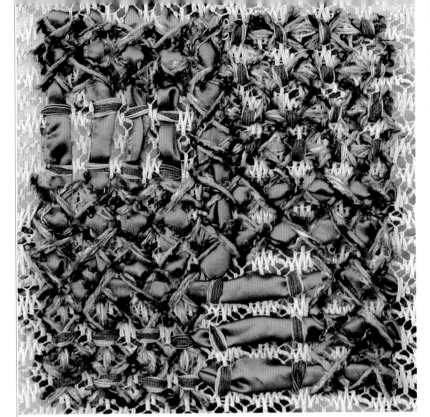

图4—46

图4—47

图4—48

图4—49

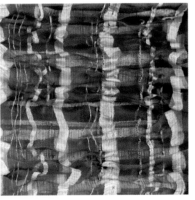

图4—50

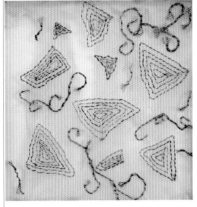

图4—51

2. 摽针

摽针又称摽梗,先用缉针针法沿纹饰作绣,再用线在每一针脚中依次顺时针穿线拉紧,效果与滚针相似,但较滚针更为坚牢。在东北地区常应用于枕头顶、门帘等日用绣品中。有时选用两种色线绣制,线条更显活泼别致,如图4—48。一般情况下,纱线表现的尺度不大,多呈颗粒状,重点在于有意强调纱线之间的缠绕,使其厚度增加,强调底层的平面与纱线形成的空间对比、厚重与通透、粗纱与细纱及色彩形成的对比构成的整体视觉效果。

3. 绗针

绗针又称拱针,是刺绣和缝纫的最基本针法,在刺绣品中常用作填补空间用。运针极简单,向前横挑作绣。绣面露出的针脚及间隔要相等匀称,如图4—49。绗针在纺织品设计的面料再造中多起到抽紧面料的作用,如图4—50。在画面上,"绗"的作用不再是讲究针脚的匀称,而是根据画面的需要,在长针与短针中找到最佳的面料抽褶的疏密度,而且,对于露出的一部分绗针脚,最好有长短对比,以丰富画面的效果。(图4—51)。

4. 缉针

缉针即切针,又称回针、刺针。采用回刺方法针针相连,后一针落在前一针起针的针眼内,是常用针法之一。针迹表现有如一笔描出,线条平贴,可绣得细如游丝。缉针多用来绣曲线及细长线条的纹样,如鱼鳍、须发、山水、藤草类等,也宜表现透明的轻纱、海雾。但因不能藏去针眼而常被用作辅助针法。(图4—52、图4—53)

（七）钉线绣

钉线绣通常是指用丝缕将较粗的单线、双线或用这些线拼成面纹的图形钉固在绣地上的一种绣法。

钉线用的丝缕较细,利用它们色彩的变换,可使纹饰整体调子变化多样。为求色点分布均匀,钉线针脚要求整齐,间距必须相等。

随被钉固的绣线性质的不同,钉线绣又有不同的习惯称谓。例如钉固金、银线,称"钉金线"、"钉

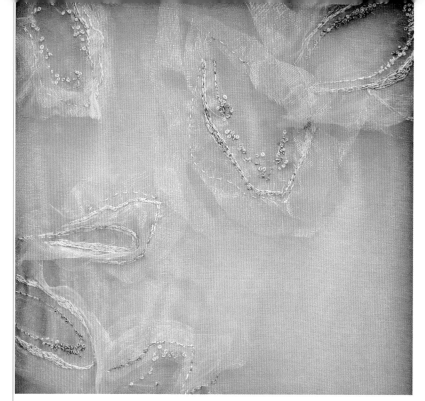

图 4-52

银线"；用金、银线圈钉纹样轮廓时，习惯称作"圈金"，"圈金"使纹样显得规整、突出，还可使相邻的对比色协调起来；在块面花纹上盘满金线，叫做"盘金"。

若在金银线上变换钉线丝缕的色相，可使金银线产生不同的闪光点，从而柔化了刺目的金属光泽，另外还有"钉衣线"、"钉小线"、"钉综线"、"钉马尾线"等，如图4-54。图4-55～图4-58是钉线绣在纺织品设计的面料再造设计中的几种表现，仔细比较，可以看出它们的不同之处及作者在构思时的独具匠心。图4-55在钉上人造丝线时，有意留住线本身的折曲，又在透明纱的掩映中若隐若现。每一个珠子都是一条线的终结，它起到了把人的视线带动起来又恰到好处地结束的作用。图4-56在面料上做了一些皱褶的地方，钉上同类色的线，这种间隔染色的线，与面料的色彩晕染形成呼应，它的弯曲及没完全钉死的下垂部分共同构成了画面的风动飘逸。图4-57是在一针织面料上以面料的色彩韵律为基础，又做了添加的钉线绣。针线绣部分的纱线为间隔染色的竹节纱，在曲折中蕴涵着一种伸展的内在力量，再加上一部分锁绣曲线形成的疾走状态，使整个画面耐人寻味。图4-58为钉线绣中最强调"钉"的一幅，作者有意加强了钉线的粗度及色彩对比，让"钉"出的每一个点都突出来，让画面在浓艳中由无数的小点寻找平衡，是乱中取胜的成功之例。图4-59是表现粗犷之美的代表，在画面上，粗纱线以手工捻合的状态被钉在粗麻布上，原始风格在这里

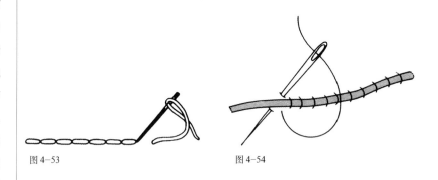

图 4-53   图 4-54

图 4-55

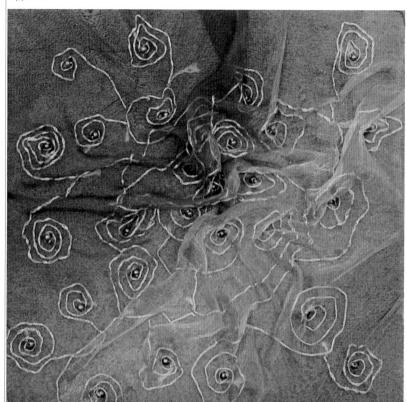

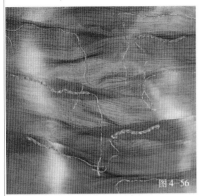

图 4-56

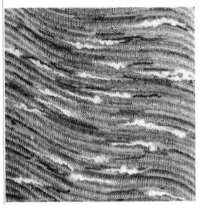

图 4-57

图 4-58

图 4-60

表现得淋漓尽致。纱线在缠绕为结子时，让视觉冲击力达到极致。尤其是带子纱做的纽结与缠绕，以大的起伏呈凸凹状，共同构成画面的风格魅力（图 4-60）。

（八）铺绒绣

铺绒绣是类似手工挑织纬锦的一种刺绣方法，有些地方称为"挑绣"、"铺绣"、"别绒"。绣制时先用合线或生丝线，均匀铺上经线，再用劈绒线作纬线，挑织起花。一般从纹饰中心向左右对称绣作，绣纹多作几何纹饰，也可绣折枝大花朵等。铺绒绣要求配色鲜艳，换线方法类似妆花缎的换线法。（图 4-61）

图 4-59

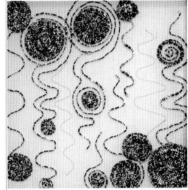

图 4-61

（九）纳绣

纳绣又称纱绣、穿花，是用彩线在素地上按织纹格眼进行刺绣的统称。有纳纱与戳纱之分。一般将纳一丝也就是满地不露纱的纳绣锦纹叫纳纱或开地锦，露纱地者习惯上叫戳纱。还有一说，就是北方称戳纱，南方叫纳纱。纳纱源于宋代，元、明都有精品被称道，盛行于清嘉庆年间。（图4-62）

纳纱绣作时，先将绣稿描在绣料的背面，用针从反面按图穿绣，正面可得所需纹饰。绣线采用劈绒，粗细视纱眼大小而定。这种针法简单，易于操作，绣线在纱地网眼间可采用直、横、斜、跳等各

种方法穿绣，但要注意不能将绣线拉得过紧或过松，以免损伤格眼起毛套，影响刺绣效果。

（十）挽绣

1. 挽针绣

挽针绣又称"拉锁子"、"盘切针"、"绕线绣"、"锁丝绣"、"打倒子"。绣时要用两条针线，它的运针方法是：先将第一条绣线由背面刺出绣面，第二线绣针紧傍第一线也刺穿绣面，用第一线沿第二绣针逆时针盘绕一圈，再拉起第二线向后钉一针，将所绕之线圈固定。第二线向前再刺穿绣面，仍用第一线逆时针盘绕，第二线再固定……依此反复作绣。第一条线只在绣面上作盘曲纹饰，除起落针外，背面不露针迹。第二线只上下穿钉，起固定作用，通常这条线采用细绣线，如变换两条绣线的粗细、色泽，可产生各种有趣

的视觉效果，如图4-63。

这种针法耐摩擦不易损坏，纹饰整齐美观，富装饰性，在民间日用绣品中应用极广。

如果将这两条绣线左右摆动盘线钉固，又可将挽针的变格形式，称"复式挽针绣"或"双挽针"。

2. 盘曲针

盘曲针是挽线绣的变格形式。也要用两根针线操作，一根绣线盘绕花纹，另一根绣线则回针作刺，固定所盘绣纹。盘线多用合股粗线，回针通常采用较细的线。在刺绣过程中还需要借助一根粗丝或小圆棒辅助，如同用棒针织毛线那样，挽一扣，钉一针，边钉边撤，盘绣成纹样。还可随意换线控制深浅层次的变化，做起来较为费工，不是常见的针法。此针法用以盘绣花卉纹饰，有别种针法难以达到的立体效果，装饰味极强。

图4-62

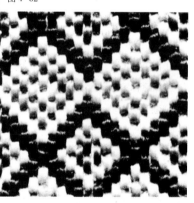

图4-63

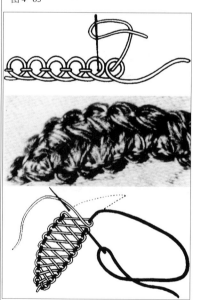

图4-64

图4-65

做剪绒绣。这种针法在这里并没有像在民间剪绒绣中那样，绣得很密实，剪去线套后有向外膨胀的效果，而是淡淡的、虚虚的，用线组成几个形状，既有对面料形象、色彩的丰富，也不乏含蓄、淡雅之气。

第三节 面料重组

在面料设计再造中，面料重叠的结构是运用得比较多的，在人们的普遍思维中，这种方式甚至代表了纺织品设计的面料再造。因此，在这里，我们会以大量的这类图片来诠释它。

一、重叠

在文学意义上是指一个物体对另一个物体的遮挡，在纺织品设计的面料再造中，指的就是面料与面料之间部分遮挡后，形成的前面面料与后面面料在形状上、色彩上、肌理上的对比关系。在一幅画面中，某种面料如果占整体面积一半以上，那么这件作品就该是以此种面料为主而做的再造设计。

在设计过程中，因面料种类繁多，又可以做以下分类：

（一）透明面料的重叠

在面料设计再造中，透明面料可以说是在所有面料中被运用最多的，因为它的透明或半透明，重叠后出现的效果是与事先预想有距离的。就算是最简单的透明的面料重叠，也会因面料的质地、色泽、手感及组合的不同，出现无数种变化形式。所以在运用透明面料组合时，设想过程并不需要

81

（十一）乱针绣

乱针绣是刺绣针法中较新的手法之一，它适合于制作写实的对象及晕染的画面效果。它不规则的长短针交叉层叠，对于色彩的晕染、渐变效果可以做得十分逼真，尤其是纱线在层层交错时，不同颜色之间的穿插与透叠，展示的是极丰富的色彩效果。在图4-64中，乱针绣被用作形象与大面积的色彩过渡，作者利用面料原有的提花织纹做了乱针绣的再处理，使原有提花织纹更加突出，在层次上、在颜色上、在同类色的组织变化上，表现了一种丰富的视觉效果。也正因为色彩之微妙

变化，让人有很多的观察空间及回味余地。

（十二）剪绒绣

剪绒绣是民间刺绣针法之一，虽然历史并不久远，但因其制作工艺简单易学，可以说拿起专用的绣花针就可以制作，因此，在民间使用得非常普遍，尤其是在北方农村，妇女中几乎人人都曾用这种方法绣过一些生活用品。剪绒绣效果的厚重、饱满，是它得以广泛流传的重要因素。在纺织品设计的面料再造设计中，这种针法主要用于处理画面形象的分量。图4-65为加强面料的厚重感，作者在一块色绢布上用同类色丝线

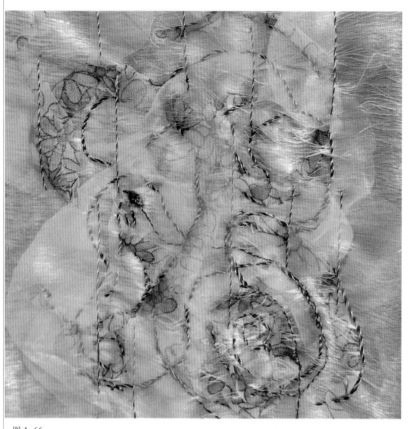

图 4-66

形状的切割、前后关系的排序形成对比，寻求调和就是一个首要的问题。

具体方法其实与我们在装饰画创作中所运用的规律是一样的。首先是解决面积大小的对比关系。在一个画面中，让一种因素起一个统调的作用，控制画面，其他因素无论多少，都不能超过主调，其余的因素无论色彩多亮，都让它居于一个附属的位置，最多是一个点缀的位置，但没有这些，画面又会显得单调、平庸。第二就是运用一个常用的方法，让面料的边缘成为抽纱状，这样它与其余面料的交界线就形成了自然的过渡，也就由生硬过渡变成了柔和过渡。根据具体面料的材质粗细，毛边

很多，应该把大量的时间与精力放在实际的操作中。如果操作一段时间后，你就会发现，哪怕是局限在三四块面料上，也会因上下、前后、大小面积的随时调换，出现不同的视觉效果。其决定因素在于每一个具体制作人在审美、形式规律掌握等方面的积累。图 4-66是由粘胶纤维面料制作的，在面料与面料的重叠中，强调的是底层面料或纱线的质感与色彩，等于在强调底层材料的同时，托出上层面料的透明度与轻薄，很好地体现了材料的特性。

（二）不透明面料的重叠

在布料再造设计中，不透明面料的重叠，侧重点在于对画面构成的把握。因为面料的遮盖性决定了它首先要解决的是一个对比关系的问题，即使是同材质、相近色的构成，也会因面积的大小、

图 4-67

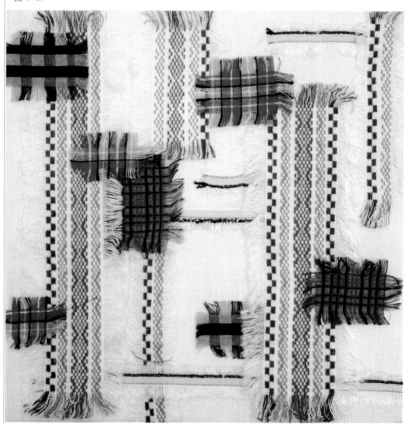

的宽窄、疏密可做具体的调整。图4—67是由不同形状的条格花纹所做的面料重叠，浮在上面的二层面料以小块的形式出现。正因为如此，为防止画面显得零乱，几乎每一块都做了抽纱处理，以接近与背景的距离，尤其是前面的面料为浅色，后面的面料为深色的部分。前面面料抽纱后透出的后面布料的朦胧色彩，进一步柔和

形成直接对比，图4—69就是用中性色的铜色丝线，去隔开各色、各质的牛仔布。尽管同样是牛仔布，但其色彩由冷到暖、由深到浅、由蓝到绿等多种变化。在织造方法上也有很多不同，用了铜拉链在它们之间做一种间隔，也等于是用统一的材料将多种材质收拢在一起。

二、面料的皱褶

在纺织品设计的面料再造的

一般情况下可以做出两种直线的皱褶：一种是立体的，即靠两侧的拉伸，折叠部分是浮在表面的。由于面料本身的弹性而不会完全重叠，这样就使上下两层形成了一些空间。这种直线的重叠既达到了明快的效果，又不会过于生硬，尤其适合透明或半透明的面料制作。图4—70就是用透明面料制作的、重叠后的直线，由于面料的透明而形成的过渡以及面料在转折时形成的曲线都淡化了直线的生硬，同时也是直线的强与曲线的弱之间的对比。另一种是平面的，所有的皱褶都与底层面料缝合在一起，形成的是比较弱的起伏，适于表现微妙的效果。

（二）曲线的皱褶

曲线皱褶的形成，分为两种：一种为有弹性面料所做的重叠再

图4—68

图4—69

83

图4—70

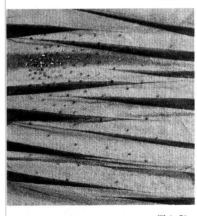

图4—71

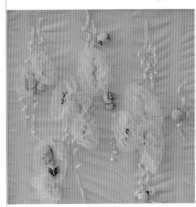

了画面的对比关系。第三是运用画面上色彩的相互穿插，如图4—68，画面由三大块条状组成，追求的是面积相近色彩的直接对比，为保持这种风格而又不致过于强烈，采用的方法是做本身色彩的相互穿插，运用线条做上下的渗透，既起到了色彩的互补，又达到了色彩相互流动的效果，尤其是每条线结束时的点，恰到好处地把动感表现了出来。第四是用一种中性色或同一材质的线在画面中分布，让画面中惯穿同种颜色的线，也是让这类中性色彩的线将面料中的对比色隔开，或是用这一材质的线分割开面料材质而

设计制作中，皱褶的制作方法也是运用得较多的方法之一。

皱褶的手法来自于服装设计，而且至今与时装还有着千丝万缕的联系，尽管在纺织品设计应用中，皱褶的使用占一定的比例，但与时装设计相比还是有一定的距离。

皱褶的效果，因材料、制作风格、制作手段、制作对象的不同，会有很大的差异。从制作手段上看，可以分以下几类：

（一）直线的皱褶

根据设想制作的直线皱褶，多数情况下是为表现一种清晰、干净利落、锐利以及明快的主题。

拉伸而形成的曲线，如图4-72。另一种为面料抽紧后自然形成的曲线。分下面几个类型：

1. 松散型皱褶

多为追求轻盈、飘逸的艺术效果，无论采用何种面料，舒展而轻松的皱褶，自然而不受束缚。缺点是有些空，材质过于单一。图4-73是松散型皱褶的作品之一，作者采用的是透明粘胶纤维，部分

图4-72

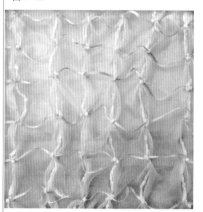

图4-73

图4-74

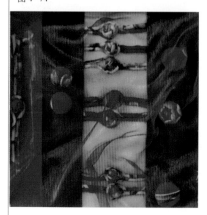

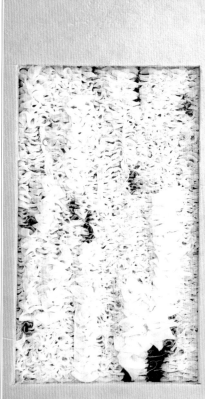

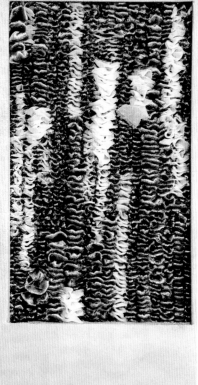

图4-75

的皱褶再加上同色的丝带，有放松心情的效果。

2. 紧密型皱褶

这是完全用面料以背面收紧的方式构成的，通常情况下，会有原面料的十几倍以上的厚度，所以不适于大面积使用。在实际的应用中，多为局部的使用，无论是在服装设计中还是在家用纺织品设计中。但在时装表演中，也有个别为追求舞台效果而大量使用的例子。图4-75为两例纱质面料做的皱褶，作者选用的是有印染色彩的面料，收紧后，原图案已不见形状，只能看见几条线在画面上，整体效果较强。而且，有意识地选用黑白灰面料，让人们的注意力完全被吸引到皱褶上。

3. 规则型皱褶

规则型皱褶是在面料的背面

图4-76

事先画好骨骼线，再按其形状抽紧。这种皱褶在制作之前，应该具备预想能力。预知制作完成后的大致效果、空间深度、面料皱褶后在质感上、手感上的感触。我们知道，并不是所有的面料都适合做这样的皱褶设计，如纯棉面料就不宜做这样的皱褶，因为纯棉面料不具弹性，稍有压力，就不能全回到原样。因此，回想前面对材料质地的描述及所接触过的面料，是本阶段必须经过的环节。图4-77是用该方式做的皱褶练习。用混纺面料制作，既有一定的厚度，

又有一定的光泽。通过这种有规律的皱褶的制作，形成一定的光影感及进深感，尽管规矩，但由于未抽紧部分形成的曲线是自然的，所以并不让人感觉单调。（图4—78）

4．不规则皱褶

看似不经意的皱褶结构，其实与其他几种的构成形式一样，都有一个前期的设计与预想能力的考核。这种能力的具备，在不规则皱褶的设计中显得尤其重要。与前面几种不同的是，不规则皱褶需要表现出来的是一种随意，用刻意的手段去表现随意的痕迹，所以说有一定的难度。图4—79是不规则的皱褶练习之一，看似很简单的几个褶皱，其实包含着很多形式规则在其中，首先有疏密的对比，也就是皱褶的聚与散的

关系。而且，这种皱褶伴随着不规则的结构，形状及形式都在不断地变化。（图4—80）

三、面料的翻转

翻转结构在制作时对材料有一定的要求，首先是面料要具有一定的弹性，在做正翻、侧翻及旋转时，面料不会出现折痕而平铺在底料上。其次，要求材料具有明显的肌理或光泽，这样在旋转中会出现由光线照射位置不同而形成的种种变化。图4—81、图4—82是利用透明丝带做的翻转训练，由于丝带比较细，在不断的翻转中会出现一些光泽、肌理、色彩及形态上的变化，加之与地色形成的互动，很有一些趣味性的因素在其中。尤其是细小的转折形成的小点状孔，透出地色时显得尤其生动。图4—83、图4—84是大的

翻转，作者选用的是肌理感比较强的、图案单位比较大的面料，在翻转中，由于光线的关系，肌理效果显得更加突出，充分体现出"翻"的特性。

四、面料的堆积

在纺织品设计的面料再造设计中，堆积是比较容易操作的手段之一。在制作工艺上它不像刺绣那样精细，也不像编织那样严谨，它主要是根据自己的意图，将所需的面料组合在一起。当然这种组合也不是随便找来一些面料堆积在一起就可以的，它要求事先要有一定的设想，然后找到能表达个人意图的材料，并用堆积这种方式表现出来。

从书中的图例中我们可以看出，堆积这种形式表现出来的大多是一种气势比较大的氛围，粗

图4—77

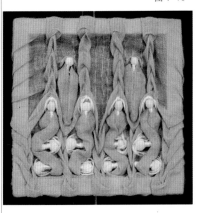

图4—78

图4—79

图4—80

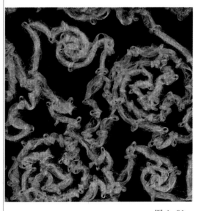

图4—81

图4—82

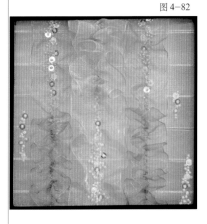

壮的肌理效果，以大面积、大的色彩关系及大的形状对比的形式出现。在这样的作品中不要指望找到精细的小趣味，这里有的是激动人心的气势与感染情绪的因素。图4-85为直立式堆积，其特点是利用厚毛织物的立面，相互拼缝后挤出一种堆积的效果。决定画面效果的是，通过这种毛边相互挤拼时的长短、高低、疏密及面料色彩的再利用。同是一种表现方法，图4-86与前一幅相比，就有很大的不同。当然色彩是一个方

图4-83

图4-84

面，但在毛边的长短上、疏密关系上都做了不同程度的调整，尤其是利用织物经纬线的色彩变化，再通过织物立面长绒倾倒与短绒直立的光泽折射，增加色彩的层次与明暗对比关系，让堆积的效果更加突出，也就使厚重感更加强烈。

在面料的堆积中也不乏这样的例子，如图4-87，尽管用的不是厚毛织物，而用了薄如蝉翼的丝织物，但是用了堆积的另一种方式——"结"，即用面料及纱线类材料，以打结的方式，在画面上堆积起相应的高度。从图中我们可以看出，这种堆积方式在结构上不似前一种那么严谨。我们知道，结的方式与缝合相比，毕竟有一定的灵活度，可以随时拆掉重新开始，而缝制后再拆就有一定的难度，无论是缝的过程还是拆的过程。加之这种堆积式的编结，并

图4-85

图4-86

不似前部分织纹类的编结那么规矩。根据自己的意图想在什么地方结就在什么地方结，想在什么地方拆就在什么地方拆，全凭个人意愿。给每个人一个自由发挥的空间，而且可以随时拆掉重来。因此这一阶段的训练，可以使人在反反复复中学会肯定自己。做得多了，必然知道哪些是该保留的，哪些是该拆掉的。图4-88也是属于此类堆积的，只是在疏密上有大的调整，留有一部分透空的地方，让人感觉更轻松。

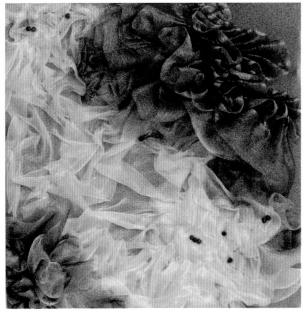

图 4-87

图 4-88

第四节 特殊面料的运用

一、网状面料的重新组合

网状面料的种类很多，在纺织品设计的面料再造设计中，尤其是在我们生活中的使用频率比较高。从目前情况看，各类化纤纤维的网状面料被利用的占多数。首先是这种面料具有很好的弹性、抗拉伸性，可以随着我们的意图在上面进行各种制作及加工手段的实施。其次是这类面料多数属粘胶纤维，染色后色泽饱和度高，这样，在纺织品的面料再造设计中，无论我们用什么手段在这种面料上覆盖、编结、穿插，都会有部分底网的颜色露出来，与前面的主体共同构成一个整体形象。因此，网状面料的质地、色彩、形状都对整体设计有很大的影响，尤其是网状面料的结构，在 90％ 的情况下对主体设计起着至关重要的作用。它的形状大小、方向也就对我们将要进行的编结、穿插甚至于覆盖面积都有一定的制约。

图 4-89

图 4-90

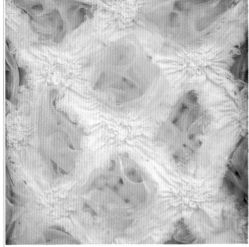

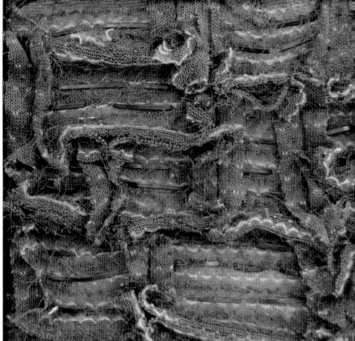

（一）网状面料的堆积

图4-91是用网状面料做的堆积设计。我们看到，在网状面料上用丝质材料作这种反复的穿插时，最后的结果是给人一种饱满的感觉、丰收的喜悦与成就感。首先是网状面料的结构形式决定了这种方式方法，网状面料的材质决定了与之相配合的材料范围。当然，并不是说这类面料必须用图中所使用的线材去与之配合，而是说，因为先有了这种网状面料，进而启发人们去为适应其形状及材质特点而去寻找出这样的线材。因人而异，同是这块面料，另外的人恐怕会去找其他的材料表现出另一种感觉的东西，甚至可以说，有多少人就会有多少种表达方式及附属的材料被挖掘出来。在这里，我们想说的是受一定制约的只是结构，也就是说，网状面料的结构会对在此基础上所做的纺织品设计的面料再造有一定的影响，但不是绝对的。

图4-91

图4-92

（二）网状面料上的纱线绣

图4-92是在麻质的网状面料上做的纱线绣，由于这一款网是比较细密的，较粗的纱线在上面穿插时，必然会因纱线的捻劲而结成小的结浮在表面。又由于作者用的是过渡的纱线，因此画面上的每一个方块，就有了不同的色彩、不同的整体效果。虽然形状相同，却有了很丰富的视觉感受。

（三）网状面料的覆盖

图4-93是一例网状面料做再覆盖的与众不同的形式。可以看出，为适应底网，作者在覆盖物上下了很多功夫，首先是选择了一些麻质材料的小块织物，在此基础上又以经纬线交织的形式编织

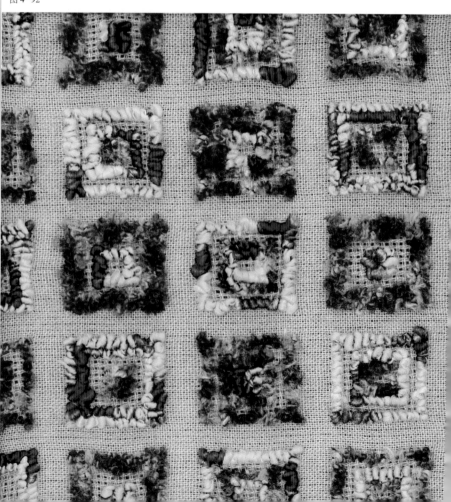

图4-93

了部分面积，这编织的部分有意强调了疏密关系及粗细的肌理对比。缺点是因素稍多，缺少大的整体关系。

（四）网状面料上的编结

图4-94是用浅蓝色调纤网为基础，以带状纱及丝线束统一在蓝色调中做了结扣的组合。由于在网状面料上做这样的再造设计时，织物的连接方式是固定的，只需要按个人的创意去发挥。在尽可能完整地表达出视觉感受及结构关系时，相对于其他结构就要容易得多。从这幅图中可以看出，画面很丰富，色彩关系也很微妙舒畅，仔细观察后会发现其实就是很简单的几个结扣，但在材料上、在结法上、在色彩上、在构图上，都能看出作者的巧妙与精心布置。

（五）网状面料与线材的融合

图4-96是在细密的网上以绣的方法做出疏密、高低、动静、多少的总体效果，给人以平深、高远的艺术感受。其花式纱线运用得很巧妙，如蓝绿色的延伸、灰色调的过渡与白色的网状面料完美地结合为一体。

（六）自制网

图4-97、图4-98是两例自制网的纺织品设计的面料再造作品。前面一种是在一块密度本身不高的面料上，挖出大面积的孔，再以纱线做锁绣，形成彩色的边缘，从而形成网格一样的感觉。作者强调的是网与平面织物在面积、形状及在色彩上的对比，而且手工锁出的边缘，有用纱线缠绕出的效果，有一定的立体感。与所衬的背后面料作一种尝试。而后面一幅作品为用人造丝线以钩针钩出的网，组成一幅风景画一样的构

89

图4-94

图4-95

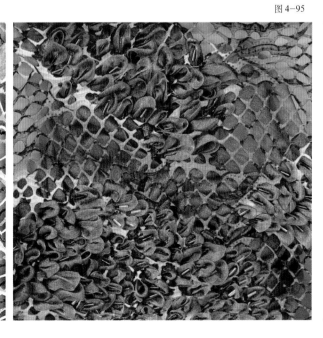

图4—96

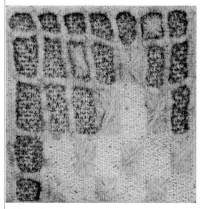

图4—97

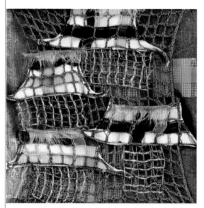

图4—98

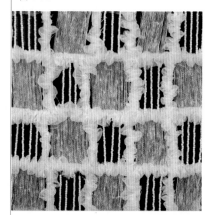

图4—99

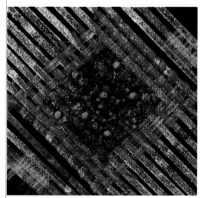

图4—100

图，通过网的拉伸，形成一定的动感，再通过后面所衬的色块，达到了丰富的色彩效果。（图4—99、图4—100）

（七）拼接中的网状面料

图4—101是网状面料与平面织物所做的组合。将相同材质、不同结构的织物做"打散构成"，利用原面料织造的特点，做有意识的聚散组合，密的地方再加入有起伏、有层次的因素，疏的地方做进一步的拉伸，强弱对比更加突出。以形象的变化，引导视觉在对比中寻找过渡，在平缓中寻找对比的视觉停留点。

（八）网状面料上的悬垂

图4—102是网状面料与纱线结合所做的悬垂。网与线本身都有飘逸的感觉，在这件作品中，作者试图从另一个角度来诠释这两

种材料。首先，选择的网状面料是与人脑普遍概念中的网有质的区别，既在实与虚的比例上刚好与传统的网状织物相反，不是由线构成网状面料，更像是在一块厚面料上挖出一些小洞，而且是圆形的小洞。其次在纱线的选择上，将颜色定位在黑白灰之间的过渡上，加之是膨体纱的松散捻和方式，更加强了沉稳感而减少了纱线的轻盈感。两种材料的结合，无形中加大了视觉的下垂感与重量感，视觉冲击力增强。这种创意在理念上与当今世界潮流很吻合，尤其是表现在时装方面。

二、皮革面料

皮革面料在纺织品设计的面料再造设计中，与纺织品面料及线材相比，目前运用得不是很多，原因是很多的。首先是原材料的

造价相对比较高，其次是手工制作在工具方面有特殊的要求，因此受很大的限制。就目前所呈现出的皮革面料作品来看，还是围绕在编结与皮革面料的覆盖等有限的几个方面。图4-103是用成条状的皮革面料做的一些编结，这是在艺术作品中最常见的使用方法。我们知道，皮革的柔韧性及伸缩性都极好，因此这种编结是使其充分体现特性的方法之一。

图4-104是皮革面料做了手工处理后，与线材结合构成的面与线的对比。在对皮革的处理上，充分利用皮革的天然不规则纹路，刷上金粉后再打磨，让金粉隐隐约约地在纹路中闪烁，与周围的线材相呼应。正因为有了纹路中的线，才让这几大块皮革不会显得生硬，不会形成一个大的整块与地色过分的对比，让人感受皮革材质的同时不会有沉重感。

三、蕾丝面料

蕾丝多在时装及内衣中使用，在纺织品设计的面料再造的使用范畴中，大多是以添加的方式表

图4-102

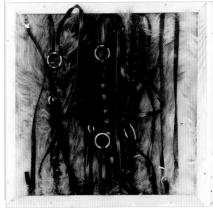

图4-101

图4-103

现创意。因为蕾丝虽然属透明面料，但与通常的透明面料不同的是，它本身就有一定量的花纹，而且花纹的种类、形式、风格又很丰富，所以不适合像普通透明面料那样做一些重叠、堆积等纺织品设计的面料再造设计。因织法不同，蕾丝不会像粘胶纤维面料那样有平滑的光泽，不会像透明丝织物那样因纱支高而使面料挺滑而有弹性，做翻转与褶皱时都显示不出效果。因此，在现有蕾丝上

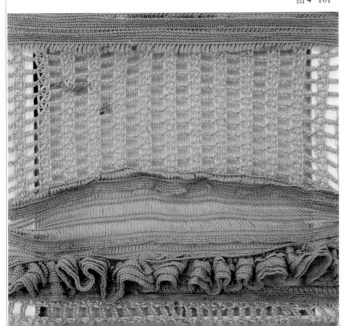

做添加是最有发挥余地的。如图4—105是蕾丝网状面料的再创造，在原黑色蕾丝面料上，以金线、过渡色细纱线做色彩上的层次变化，在黑色与透明网之间做了一个色彩的晕染，也用黑色面料做出了一系列的起伏。而图4—106则是在红色蕾丝上做的变化，在透明部分与花形织纹上留出部分原貌，而在大面积的红地上，以堆积的形式用红色丝带与红色透明纱线做密集式堆积，形成强烈的对比与视觉上的重心变化。又巧妙地利用红丝带上的金色线，在密积的形象中，起透气的作用，使整个画面效果在明艳中求得了雅致，对比中求得了调和。

尽管蕾丝可以算是网状面料，但因网孔比较小，不能像通常网状面料那样做穿插、编结等技法的设计。即使可以用覆盖的方式，但也因网孔过小而显示不出效果。

四、弹性面料

弹性面料的种类很多，大多数为化纤产品。最新产品是PTT纤维。PTT纤维是一种具有涤纶纤维和尼龙纤维各项优点的新型纤维，利用PTT纤维本身所具有的残余内应力可以生产出具有起皱风格的面料。该皱面料不同以往的皱风格面料（以往皱面料主要是利用强捻纱），而是以PTT纤维长丝（不加捻）作纬，经向可用其他如棉、毛等（现主要以棉纱作为经纱举例）。PTT纤维弹性皱面料具有棉质感，手感柔软，弹性好、色泽好、吸湿性好。

弹性面料在纺织品设计的面料再造的设计中，应用的量不是很大，但有自己独特的地方，即利用弹性面料的可伸缩性，可以制造一些特殊的表面效果。如图4—107～图4—109为两例用弹性面料做的纺织品设计的面料再造设计。利用面料的伸缩性，由金属环做软硬材料的链接，通过不同位置的拉伸，让面料自然形成曲线。又利用面料本身的条纹，使拉伸后的条纹形状发生曲线变化。这种拉伸出来的变化，与面料上印染曲线及直接针织出来的曲线是有着完全不同的视觉感受的。

图 4—104

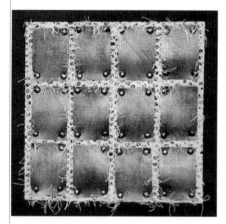

图 4—105

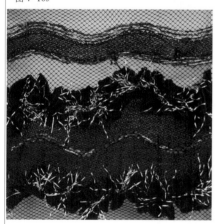

图 4—106

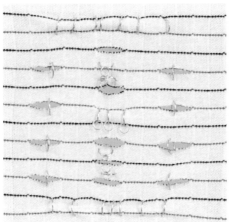

图 4-107

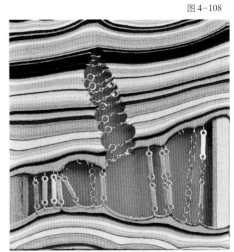

图 4-108

图 4-109

作品欣赏

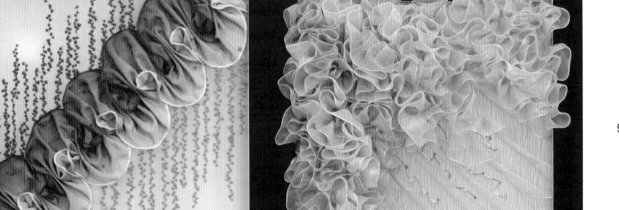

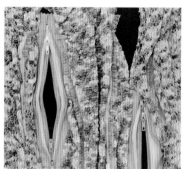

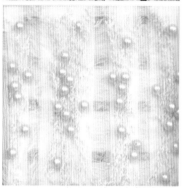

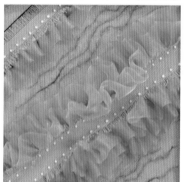

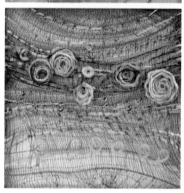

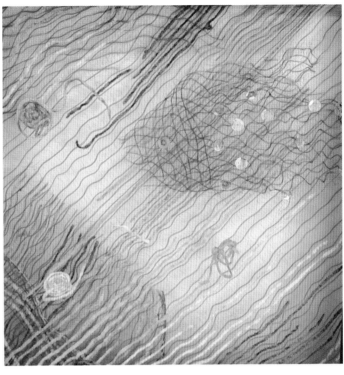

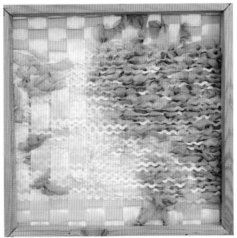

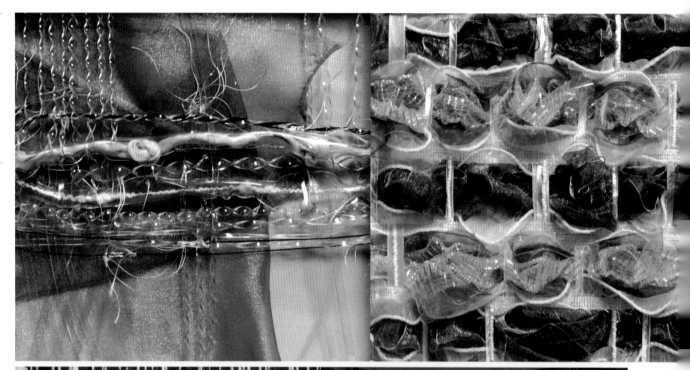

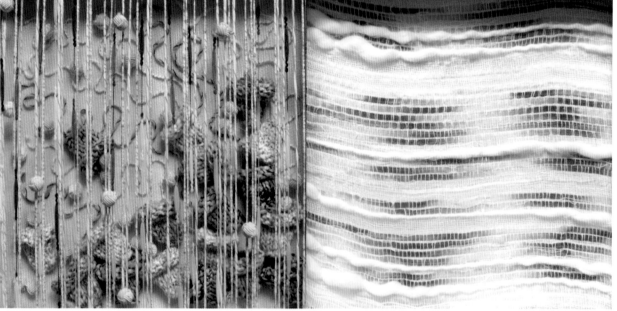

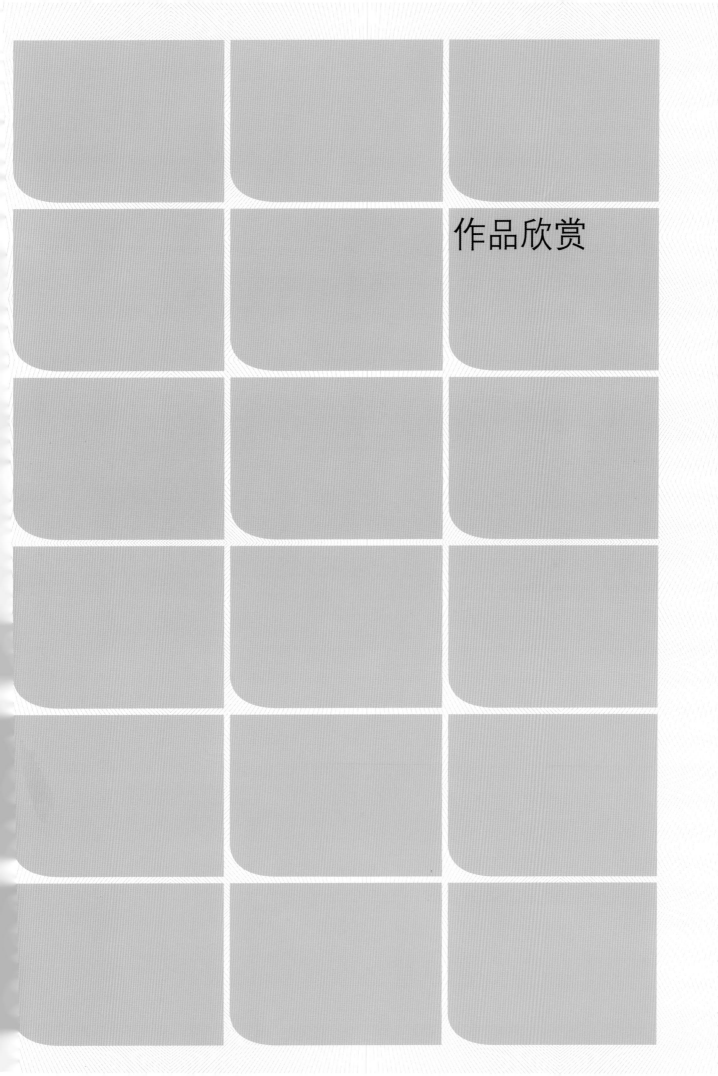

作品欣赏

灵感来源

色彩来源

秋

幻季

设计说明：
春 生机盎然
夏 多彩热烈
秋 收获金色
冬 洁白冷艳
如歌的四季跳动着美妙的
音律组成了一首激荡的幻
想曲

夏

春

冬

灵感来源

花与梦

展现了花的梦幻的甜美
把花与梦完美的结合起来
又打子堆初编织的合手技法
纱线绸子是如此的飘逸
晚如梦境般空幻的迷人
散发着花的香气
使我进入了虚幻的梦境
给我的创作带来了无限的灵感
她的色彩是如此的美丽诱人
一束紫色的勿忘我让我无法把她忘记

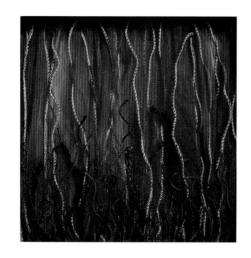

原图

效果图

设计说明：
柔美的红色
正如那温柔婉约的东方女子
如梦的神情
炫酷的神情
幸福洋溢的神情
柔媚的光辉和绚彩
美妙地衬托出每一个瞬间的精彩

灵感来源

面料再造
textile recreate

灵感来源

设计说明

漂亮的女人　花朵装点的包包

淡雅的颜色　青春　美丽　时尚

灵感来源

此系列的作品是从图片的色彩入手，采用局部式样分析与拆解的手法对图片进行分解，再结合各种面料及线材的特点对面料进行再造。

这张图片给人感觉温暖、明亮，让人想到秋天的谷物，我便以此做了秋天感觉的面料，另两幅描述着做了冬季的系列；合为"季之风"，即为"季节之风情"。

设计说明

秋季色彩浓烈，褐色为自然食物之色，有秋的味道，让人联想到健康，很适合表现这类主题，秋季的系列以几何方块为符号组织画面，活泼、生动；

冬季色彩清冷，以蓝白色为主调，蓝色安静、透明为冬的主调，冬季系列以长曲线分割的形式构图，深蓝色能更佳地表现冬的冷洌，因此选用深蓝色的底色，主选蓝色牛仔布，配以白色的飘带等配饰，画面生动、温和，犹如泛舟于江上的小船，别有意境。

季节系列的整套作品，不带强地粉饰浮华之美，迎合装饰的需要，单纯、质朴，表现了季节之美。

试想，当你抱着此种面料的图枕舒服地窝在沙发里，有没有隐约地闻到从这处飘来的秋果果香、冬季的清冷白雪？

灵感来源说明

素材再造系列作品

106

设计说明：

华丽装饰情有独钟的段流逝的感情一种我们似乎在寻找一在黑与白的照片中之美

蔚蓝一片○○○○○○

设计说明：

依旧会从容得躺在沙漠中，访佛很多年后
沐浴阳光，微笑
土黄的浑厚，蔚蓝的宁静。
在这样一片宁静中，
让人不基回归自然
可以尽情去享受本色生活。
土黄和蔚蓝的结合

灵感来源

效果图

落花無言
人淡如菊
尋……
一個清雅的角落
做……
一個甜甜的夢
如尊酒一杯
如清風一縷
梳理一段記憶
坐看雲聚雲散
恬淡適然
心如止水

107

放 ????

色彩来源

灵感来源

实物小样

效果图

尺寸：200mm×200mm

设计说明：

神奇的海底世界中，多姿多彩的生物。每个生物都有着自己优美而独特的姿势，每个颜色都非常漂亮。作品的小样采用了皮革、棉、麻、毛线、亮片等材质，表现出海底生物的个性而优美的姿态。根据形态通过编织、缝等多种纺织工艺设计小样，并将其应用于包上，既时尚又个性化。

系列小样

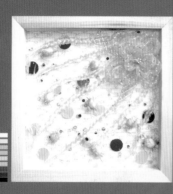

色彩来源
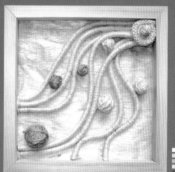

质朴

电脑贴图

设计说明：

世俗的喧嚣让每个人都渴望
心底的纯朴与宁静，大自然
富有生机的一切无偿的给予
了人们轻松和惬意，静静的
小溪，缤纷的落叶甚至于荒
芜的黑土地也能带来精神的
寄托，一切都表现得那样简
单和自然，同时质朴与宁静
中又充满了无限希望！

原图

灵感来源

无暇

原图

设计说明：此幅设计作品灵感来源于自然界，
充满自由与希望的大自然给我无
限遐想空间，给我轻松愉悦感觉，
给我巨大的表达欲望，这幅作品
就表达了一种纯真无暇，及时自
由的向往和似乎梦幻飘渺的主题。

灵感来源

效果图

NUAN

设计说明：

严严的冬季，温暖的感觉。正符合今冬的流行趋势。毛皮尽显尊贵与
奢华。黑白灰色调庄重典雅，粗放与细腻的对比充分表达情感释放。

灵感来源

效果图

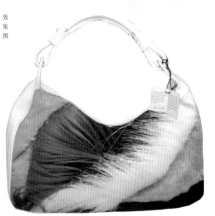

109

面料設計

色彩来源

面料设计

灵感来源

模拟效果

设计说明:

灵感来源于冬日的气息,清新、安静、平稳。以丝带为主要材料,采用局部堆积的方式,整体运用流畅线条,简单中存在变化,条纹的迷幻延展充满动感。

作品主题:

《浮游》

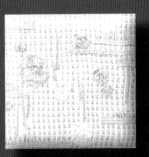

----- 灵感来源

设计说明:

　　作品灵感来源于海底生物的特殊美的韵律，时尚而有富有神秘性，蛊惑迷离打破了传统美的规律感，带给人一种野性狂放的视觉感受。

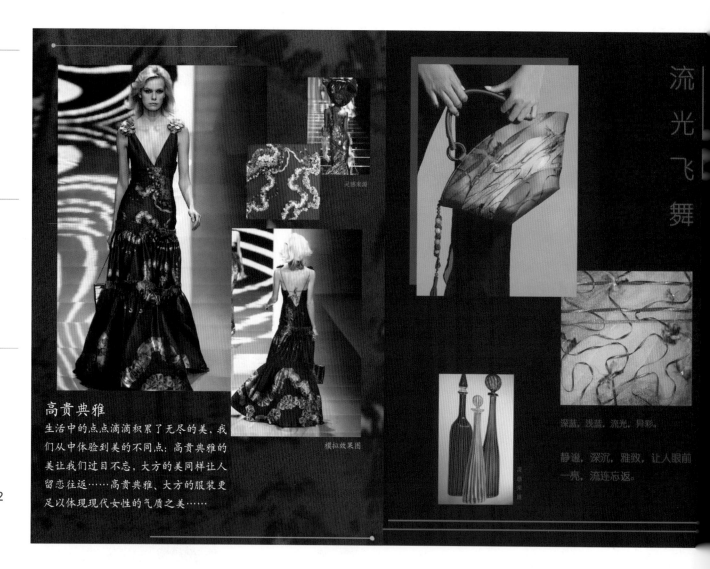

流光飞舞

高贵典雅

生活中的点点滴滴积累了无尽的美，我们从中体验到美的不同点；高贵典雅的美让我们过目不忘，大方的美同样让人留恋往返……高贵典雅、大方的服装更足以体现现代女性的气质之美……

模拟效果图

灵感来源

灵感来源

深蓝，浅蓝，流光，异彩。

静谧，深沉，雅致，让人眼前一亮，流连忘返。

灵感来源

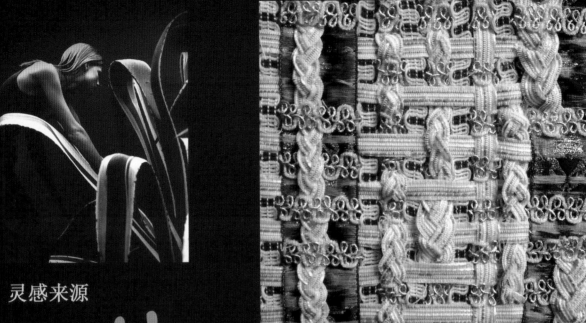

面料

效果图

设计说明

由虎皮蓝的图案想到用编织的形式。

颜色上采用少量绿，有春天的感觉，大量白色与米色让人感觉干净清爽。材料选用棉布与化纤花边，再配上皮革做成拎包，让人耳目一新。

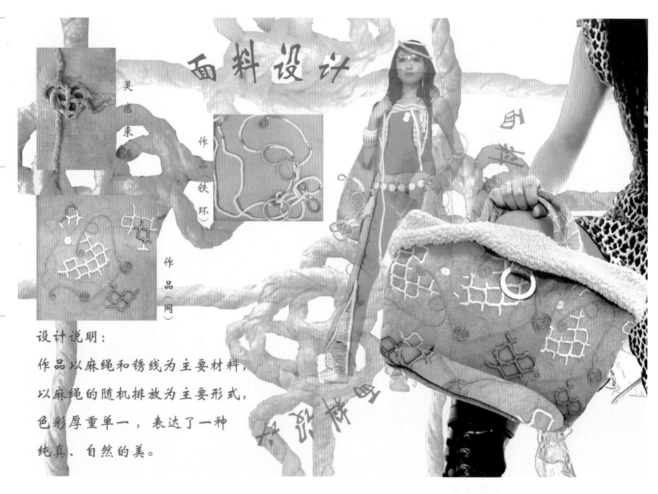

面料设计

灵感来源

作品（铁环）

作品（网）

设计说明：

作品以麻绳和锈线为主要材料，
以麻绳的随机排放为主要形式，
色彩厚重单一，表达了一种
纯真、自然的美。

material and idea

灵感来源

传统工艺的仿生造型介于自然与主体创
造之间，作为创作主体与自然的心灵媒
介、物我之间的桥梁，它启示着审美创
造将由观注物象进而升华为创造意象。

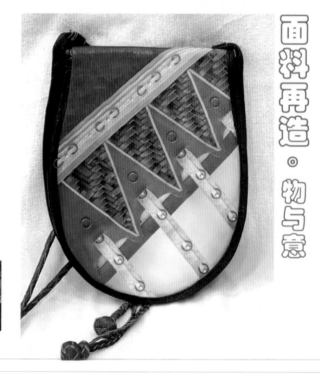

面料再造 · 物与意

灵感来源

珊瑚树的枝条在水中摇摆摇
如线的生命律动，这种向外
投射的生命是神秘的、高贵
的。

面料再造

旋

渔
舟
寻
梦

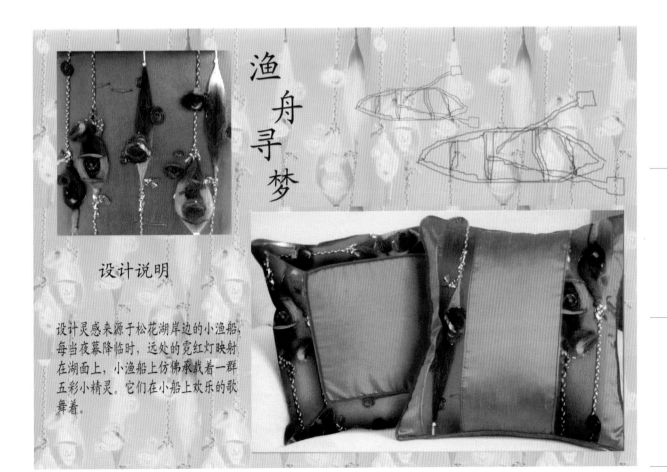

设计说明

设计灵感来源于松花湖岸边的小渔船，
每当夜幕降临时，远处的霓红灯映射
在湖面上，小渔船上仿佛承载着一群
五彩小精灵。它们在小船上欢乐的歌
舞着。

绽放

花开的季节，热情而奔放，

充满着喜悦，充满着憧憬。

灵感来源

效果图

全姿

设计说明

金属、镂空、叠加，构成了本季流行的趋势。低调中透着奢华，深沉中不乏活泼，平淡处章显品位，是广大魅力时尚女士追求的向往。工艺上在带有地纹的面料上手工缝制添加了装饰物，粗犷与细腻相结合。

原设计作品

灵感来源图

灵感来源

这张作品的主要灵感来源于破旧凌乱的城市废墟。破碎并带有金属的质感在本幅作品中展现尤为突出。设计者有意渴望追求这种颓废不羁、随意奔放的感觉。

后记

对纺织品设计面料再造的理解、掌握、体会，不是一朝一夕就可以完成的。每个人会有不同的理解方式、理解程度，最后呈现出的形态更是千差万别。

在实际的应用中往往不是像前面写的那样，通过规定的构思方式去寻找材料与灵感，再将形式与内容固定在一定的框架中，而是随着一定的经验积累、一定的感觉积累、一定的修养积累，表达出与之成正比的观念与内涵。

随着纺织品行业的日渐受宠，在不久的将来，纺织品的面料再造设计会逐步走向规范化，无论是从设计领域讲，还是从产业、从市场讲。伴随而来的是它将不断被完善，无论是从设计理念上还是从实际制作中。它还会逐渐地走向生活化，因为它在制作工艺及材料方面的亲和力会让越来越多的百姓注目其中，从而了解它、使用它。

我们知道，高科技的飞速发展为纺织行业带来的是无穷的新型原材料与高科技信息，它在不断地丰富纺织品面料再造原材料的同时，在观念上给予我们的启发与扩展是不可估量的。就如现代艺术中强调的界线模糊理论影响一个时代的艺术方向与艺术家的思维一样，在纺织品的面料再造中，多方面的高科技信息在不断地渗透到我们的思维中，设计师的灵感来源也变得漫无边际，变得任何物体都有可能在一个点上、一种视觉感觉上、一次实际触摸上，甚至是在一束光上让我们产生无数的灵感，从而去创造无数的作品。而且，随着界线越来越模糊，纺织品设计与纺织品面料再造设计的界线也不存在了。一个设计可以使多种因素、多种手法、多种效果集于一体。因此，今后的纺织品设计所需要的人才将是复合型的，即在理论上、在思维上、在手工技能上、在市场上等等相关方面都是精通的，这样，才能适应未来社会的综合性思维创意，适应纺织品行业的飞速发展——这一切，说起来比较容易，在实际的操作中是要靠我们不断地吸收多方面因素，以整合个人与外在信息及技术的关系，把握时代动向，然后，打造一批完备的未来纺织品设计人才。

另外，在本书的编写过程中，有很多学生为本书提供图片资料，在这里我要向袁琳、安琦、高林、王晶宇、唐先亮、代进、李晓淳、郝赫、王倩、腾冠男等同学表示感谢，他们的作品为这本书增添了光彩，也给大家展示了他们的思维创新与扩展。还有，在本书的编撰过程中，王丽梅、李大维、王晓丹、杨嘉鑫做了大量认真细致的工作，在这里一并向他们表示我的谢意。

主要参考文献：

[1] 王亚容，中国民间刺绣，商务印书馆香港分馆，1985.7

[2] 中国服饰报，2002年家纺版B叠

[3] 流行趋势，中国纺织信息中心，2003年春季版

[4] 流行色，2003

[5] Handwoven，Sally gelbaugh，September/October，2004

[6] Handwoven，Sharon Alderman，September/October，2003

[7] 姜寿强，论文：《装饰》纺织品设计与材料技术，清华美术学院出版社，2002.6

[8] Joel Soklov Ideas and Applications，TEXTILE DESIGNS，2004

[9] 张树新，现代纺织品设计表现技法，湖南美术出版社，1998年

[10] 崔唯 纺织品艺术设计，中国纺织出版社，1999

[11] dj Bennett，The Machine Embroidery Hand book，Designing Fabrics with，Stitching，Manipulation，&Color

图书在版编目（CIP）数据

纺织品设计的面料再造／王庆珍著．－重庆：西南师范大
学出版社，2006.11（2021.2 重印）
现代纺织艺术设计丛书
ISBN 978-7-5621-3739-9

I. 纺 ... II. 王 ... III. 纺织品 - 设计 IV .TS105.1

中国版本图书馆 CIP 数据核字（2006）第 138027 号

丛书策划：李远毅 王正端

现代纺织艺术设计丛书
主编：常沙娜
执行主编：龚建培

纺织品设计的面料再造 王庆珍 著

责任编辑：戴永曦
整体设计：汪　泓 王正端
出版发行：西南师范大学出版社
地址：重庆市北碚区天生路 2 号　　邮编：400715
本社网址：http://www.xscbs.com　电话：(023)68860895
网上书店：http://xnsfdxcbs.tmall.com　传真：(023)68208984
经　　销：新华书店
制　　版：重庆海阔特数码分色彩印有限公司
印　　刷：重庆共创印务有限公司
幅面尺寸：210mm×285mm
印　　张：7.75
字　　数：248 千字
版　　次：2007 年 2 月 第 1 版
印　　次：2021 年 2 月 第 6 次印刷
书　　号：ISBN 978-7-5621-3739-9
定　　价：59.00 元

本书如有印装质量问题，请与我社读者服务部联系更换.
读者服务部电话：(023)68252471
市场营销部电话：(023)68868624 68253705

西南师范大学出版社美术分社欢迎赐稿。
美术分社电话：(023)68254657 68254107